全国餐饮职业教育教学指导委员会重点课题"基于烹饪专业人才培养目标的中高职课程体系与教材开发研究"成果系列教材
餐饮职业教育创新技能型人才培养新形态一体化系列教材

总主编 ◎ 杨铭铎

烹调基本功

主　编　邵国俊　谢洪山　侯邦云
副主编　于　扬　曹鹏举　单诵军　范　涛
编　者　（按姓氏笔画排序）
　　　　于　扬　李洪磊　杨小平　张　剑
　　　　邵国俊　范　涛　单显旺　单诵军
　　　　侯邦云　曹鹏举　谢洪山

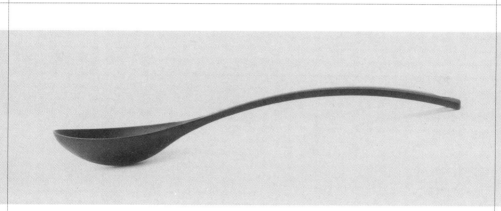

华中科技大学出版社
http://www.hustp.com
中国·武汉

内容简介

本书是全国餐饮职业教育教学指导委员会重点课题"基于烹饪专业人才培养目标的中高职课程体系与教材开发研究"成果系列教材、餐饮职业教育创新技能型人才培养新形态一体化系列教材。

本教材共包括八个项目,分别是体能训练、勺工训练、刀工训练(刀具的种类、使用与保养,直刀法、平刀法、斜刀法、剔刀法的要求与指导)、原料成型。

本书为烹饪初学者的基本操作技能教程,适合于职业院校烹饪(餐饮)类相关专业教学使用,同时也可作为烹饪爱好者的参考用书。

图书在版编目(CIP)数据

烹调基本功/邵国俊,谢洪山,侯邦云主编. —武汉:华中科技大学出版社,2020.7(2023.8 重印)
ISBN 978-7-5680-6313-5

Ⅰ. ①烹⋯　Ⅱ. ①邵⋯　②谢⋯　③侯⋯　Ⅲ. ①烹饪-方法-职业教育-教材　Ⅳ. ①TS972.11

中国版本图书馆 CIP 数据核字(2020)第 111692 号

烹调基本功
Pengtiao Jibengong

邵国俊　谢洪山　侯邦云　主编

策划编辑:汪飒婷
责任编辑:汪飒婷
封面设计:廖亚萍
责任校对:李　弋
责任监印:周治超

出版发行:华中科技大学出版社(中国·武汉)　　电话:(027)81321913
　　　　　武汉市东湖新技术开发区华工科技园　　邮编:430223

录　　排:华中科技大学惠友文印中心
印　　刷:武汉科源印刷设计有限公司
开　　本:889mm×1194mm　1/16
印　　张:8.25
字　　数:240千字
版　　次:2023年8月第1版第4次印刷
定　　价:32.00元

全国餐饮职业教育教学指导委员会重点课题
"基于烹饪专业人才培养目标的中高职课程体系与教材开发研究"成果系列教材
餐饮职业教育创新技能型人才培养新形态一体化系列教材

丛 书 编 审 委 员 会

主　任

姜俊贤　全国餐饮职业教育教学指导委员会主任委员、中国烹饪协会会长

执行主任

杨铭铎　教育部职业教育专家组成员、全国餐饮职业教育教学指导委员会副主任委员、中国烹饪协会特邀副会长

副 主 任

乔　杰　全国餐饮职业教育教学指导委员会副主任委员、中国烹饪协会副会长

黄维兵　全国餐饮职业教育教学指导委员会副主任委员、中国烹饪协会副会长、四川旅游学院原党委书记

贺士榕　全国餐饮职业教育教学指导委员会副主任委员、中国烹饪协会餐饮教育委员会执行副主席、北京市劲松职业高中原校长

王新驰　全国餐饮职业教育教学指导委员会副主任委员、扬州大学旅游烹饪学院原院长

卢　一　中国烹饪协会餐饮教育委员会主席、四川旅游学院校长

张大海　全国餐饮职业教育教学指导委员会秘书长、中国烹饪协会副秘书长

郝维钢　中国烹饪协会餐饮教育委员会副主席、原天津青年职业学院党委书记

石长波　中国烹饪协会餐饮教育委员会副主席、哈尔滨商业大学旅游烹饪学院院长

于干千　中国烹饪协会餐饮教育委员会副主席、普洱学院副院长

陈　健　中国烹饪协会餐饮教育委员会副主席、顺德职业技术学院酒店与旅游管理学院院长

赵学礼　中国烹饪协会餐饮教育委员会副主席、西安商贸旅游技师学院院长

吕雪梅　中国烹饪协会餐饮教育委员会副主席、青岛烹饪职业学校校长

符向军　中国烹饪协会餐饮教育委员会副主席、海南省商业学校校长

薛计勇　中国烹饪协会餐饮教育委员会副主席、中华职业学校副校长

王　劲　常州旅游商贸高等职业技术学校副校长

王文英　太原慈善职业技术学校校长助理

王永强　东营市东营区职业中等专业学校副校长

王吉林　山东省城市服务技师学院院长助理

王建明　青岛酒店管理职业技术学院烹饪学院院长

王辉亚　武汉商学院烹饪与食品工程学院党委书记

邓　谦　珠海市第一中等职业学校副校长

冯玉珠　河北师范大学学前教育学院(旅游系)副院长

师　力　西安桃李旅游烹饪专修学院副院长

吕新河　南京旅游职业学院烹饪与营养学院院长

朱　玉　大连市烹饪中等职业技术专业学校副校长

庄敏琦　厦门工商旅游学校校长、党委书记

刘玉强　辽宁现代服务职业技术学院院长

闫喜霜　北京联合大学餐饮科学研究所所长

孙孟建　黑龙江旅游职业技术学院院长

李　俊　武汉职业技术学院旅游与航空服务学院院长

李　想　四川旅游学院烹饪学院院长

李顺发　郑州商业技师学院副院长

张令文　河南科技学院食品学院副院长

张桂芳　上海市商贸旅游学校副教授

张德成　杭州市西湖职业高级中学校长

陆燕春　广西商业技师学院校长

陈　勇　重庆市商务高级技工学校副校长

陈全宝　长沙财经学校校长

陈运生　新疆职业大学教务处处长

林苏钦　上海旅游高等专科学校酒店与烹饪学院副院长

周立刚　山东银座旅游集团总经理

周洪星　浙江农业商贸职业学院副院长

赵　娟　山西旅游职业学院副院长

赵汝其　佛山市顺德区梁銶琚职业技术学校副校长

侯邦云　云南优邦实业有限公司董事长、云南能源职业技术学院现代服务学院院长

姜　旗　兰州市商业学校校长

聂海英　重庆市旅游学校校长

贾贵龙　深圳航空有限责任公司配餐部经理

诸　杰　天津职业大学旅游管理学院院长

谢　军　长沙商贸旅游职业技术学院湘菜学院院长

潘文艳　吉林工商学院旅游学院院长

网络增值服务

使用说明

欢迎使用华中科技大学出版社医学资源网

1 教师使用流程

（1）登录网址：http://yixue.hustp.com（注册时请选择教师用户）

注册 ＞ 登录 ＞ 完善个人信息 ＞ 等待审核

（2）审核通过后，您可以在网站使用以下功能：

下载教学资源　　建立课程　　　　管理学生　　　布置作业　查询学生学习记录等

教师

2 学员使用流程

（建议学员在PC端完成注册、登录、完善个人信息的操作）

（1）PC端学员操作步骤

① 登录网址：http://yixue.hustp.com（注册时请选择普通用户）

注册 ＞ 登录 ＞ 完善个人信息

② **查看课程资源：**（如有学习码，请在"个人中心—学习码验证"中先通过验证，再进行操作）

选择课程

首页课程 ＞ 课程详情页 ＞ 查看课程资源

（2）手机端扫码操作步骤

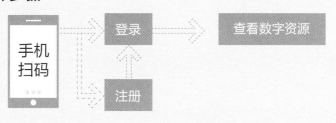

手机扫码　登录　查看数字资源

注册

开展餐饮教学研究　加快餐饮人才培养

餐饮业是第三产业重要组成部分,改革开放 40 多年来,随着人们生活水平的提高,作为传统服务性行业,餐饮业对刺激消费需求、推动经济增长发挥了重要作用,在扩大内需、繁荣市场、吸纳就业和提高人民生活质量等方面都做出了积极贡献。就经济贡献而言,2018 年,全国餐饮收入 42716 亿元,首次超过 4 万亿元,同比增长 9.5%,餐饮市场增幅高于社会消费品零售总额增幅 0.5 个百分点;全国餐饮收入占社会消费品零售总额的比重持续上升,由上年的 10.8% 增至 11.2%;对社会消费品零售总额增长贡献率为 20.9%,比上年大幅上涨 9.6 个百分点;强劲拉动社会消费品零售总额增长了 1.9 个百分点。全面建成小康社会的号角已经吹响,作为人民基本需求的饮食生活,餐饮业的发展好坏,不仅关系到能否在扩内需、促消费、稳增长、惠民生方面发挥市场主体的重要作用,而且关系到能否满足人民对美好生活的向往、实现全面建成小康社会的目标。

一个产业的发展,离不开人才支撑。科教兴国、人才强国是我国发展的关键战略。餐饮业的发展同样需要科教兴业、人才强业。经过 60 多年特别是改革开放 40 多年来的大发展,目前烹饪教育在办学层次上形成了中职、高职、本科、硕士、博士五个办学层次;在办学类型上形成了烹饪职业技术教育、烹饪职业技术师范教育、烹饪学科教育三个办学类型;在学校设置上形成了中等职业学校、高等职业学校、高等师范院校、普通高等学校的办学格局。

我从全聚德董事长的岗位到担任中国烹饪协会会长、全国餐饮职业教育教学指导委员会主任委员后,更加关注烹饪教育。在到烹饪院校考察时发现,中职、高职、本科师范专业都开设了烹饪技术课,然而在烹饪教育内容上没有明显区别,层次界限模糊,中职、高职、本科烹饪课程设置重复,拉不开档次。各层次烹饪院校人才培养目标到底有哪些区别?在一次全国餐饮职业教育教学指导委员会和中国烹饪协会餐饮教育委员会的会议上,我向在我国从事餐饮烹饪教育时间很久的资深烹饪教育专家杨铭铎教授提出了这一问题。为此,杨铭铎教授研究之后写出了《不同层次烹饪专业培养目标分析》《我国现代烹饪教育体系的构建》,这两篇论文回答了我的问题。这两篇论文分别刊登在《美食研究》和《中国职业技术教育》上,并收录在中国烹饪协会主编的《中国餐饮产业发展报告》之中。我欣喜地看到,杨铭铎教授从烹饪专业属性、学科建设、课程结构、中高职衔接、课程体系、课程开发、校企合作、教师队伍建设等方面进行研究并提出了建设性意见,对烹饪教育发展具有重要指导意义。

杨铭铎教授不仅在理论上探讨烹饪教育问题,而且在实践上积极探索。2018 年在全国餐饮职业教育教学指导委员会立项重点课题"基于烹饪专业人才培养目标的中高职课程体系与教材开发研究"(CYHZWZD201810)。该课题以培养目标为切入点,明晰烹饪专业人才培养规格;以职业技能为结合点,确保烹饪人才与社会职业有效对接;以课程体系为关键点,通过课程结构与课程标准精准实现培养目标;以教材开发为落脚点,开发教学过程与生产过程对接的、中高职衔接的两套烹饪专业课程系列教材。这一课题的创新点在于:研究与编写相结合,中职与高职相同步,学生用教材与教师用参考书相联系,资深餐饮专家领衔任总主编与全国排名前列的大学出版社相协作,编写出的中职、高职系列烹饪专业教材,解决了烹饪专业文化基础课程与职业技能课程脱节,专业理论课程设置重复,烹饪技能课交叉,职业技能倒挂,教材内容拉不开层次等问题,是国务院《国家职业教育改革实施方案》提出的完善教育教学相关标准中的持续更新并推进专业教学标准、课程标准建设和在职业院校落地实施这一要求在烹饪职业教育专业的具体举措。基于此,我代表中国烹饪协会、全国餐饮职业教育教学指导委员会向全国烹饪院校和餐饮行业推荐这两套烹饪专业教材。

习近平总书记在党的十九大报告中将"两个一百年"奋斗目标调整表述为:到建党一百年时,全面建成小康社会;到新中国成立一百年时,全面建成社会主义现代化强国。经济社会的发展,必然带来餐饮业的繁荣,迫切需要培养更多更优的餐饮烹饪人才,要求餐饮烹饪教育工作者提出更接地气的教研和科研成果。杨铭铎教授的研究成果,为中国烹饪技术教育研究开了个好头。让我们餐饮烹饪教育工作者与餐饮企业家携起手来,为培养千千万万优秀的烹饪人才、推动餐饮业又好又快地发展,为把我国建成富强、民主、文明、和谐、美丽的社会主义现代化强国增添力量。

全国餐饮职业教育教学指导委员会主任委员
中国烹饪协会会长

出版说明

《国家中长期教育改革和发展规划纲要(2010—2020年)》及《国务院办公厅关于深化产教融合的若干意见(国办发〔2017〕95号)》等文件指出:职业教育到2020年要形成适应经济发展方式的转变和产业结构调整的要求,体现终身教育理念,中等和高等职业教育协调发展的现代教育体系,满足经济社会对高素质劳动者和技能型人才的需要。2019年1月,国务院印发的《国家职业教育改革实施方案》中更是明确提出了提高中等职业教育发展水平、推进高等职业教育高质量发展的要求及完善高层次应用型人才培养体系的要求;为了适应"互联网+职业教育"发展需求,运用现代信息技术改进教学方式方法,对教学教材的信息化建设,应配套开发信息化资源。

随着社会经济的迅速发展和国际化交流的逐渐深入,烹饪行业面临新的挑战和机遇,这就对新时代烹饪职业教育提出了新的要求。为了促进教育链、人才链与产业链、创新链有机衔接,加强技术技能积累,以增强学生核心素养、技术技能水平和可持续发展能力为重点,对接最新行业、职业标准和岗位规范,优化专业课程结构,适应信息技术发展和产业升级情况,更新教学内容,在基于全国餐饮职业教育教学指导委员会2018年度重点课题"基于烹饪专业人才培养目标的中高职课程体系与教材开发研究"(CYHZWZD201810)的基础上,华中科技大学出版社在全国餐饮职业教育教学指导委员会副主任委员杨铭铎教授的指导下,在认真、广泛调研和专家推荐的基础上,组织了全国90余所烹饪专业院校及单位,遴选了近300位经验丰富的教师和优秀行业、企业人才,共同编写了本套全国餐饮职业教育教学指导委员会重点课题"基于烹饪专业人才培养目标的中高职课程体系与教材开发研究"成果系列教材、餐饮职业教育创新技能型人才培养新形态一体化系列教材。

本套教材力争契合烹饪专业人才培养的灵活性、适应性和针对性,符合岗位对烹饪专业人才知识、技能、能力和素质的需求。本套教材有以下编写特点:

1.权威指导,基于科研　本套教材以全国餐饮职业教育教学指导委员会的重点课题为基础,由国内餐饮职业教育教学和实践经验丰富的专家指导,将研究成果适度、合理落脚于教材中。

2.理实一体,强化技能　遵循以工作过程为导向的原则,明确工作任务,并在此基础上将与技能和工作任务集成的理论知识加以融合,使得学生在实际工作环境中,将知识和技能协调配合。

3.贴近岗位,注重实践　按照现代烹饪岗位的能力要求,对接现代烹饪行业和企业的职业技能标准,将学历证书和若干职业技能等级证书("1+X"证书)内容相结合,融入新技术、新工艺、新规范、新要求,培养职业素养、专业知识和职业技能,提高学生应对实际工作的能力。

4.编排新颖,版式灵活 注重教材表现形式的新颖性,文字叙述符合行业习惯,表达力求通俗、易懂,版面编排力求图文并茂、版式灵活,以激发学生的学习兴趣。

5.纸质数字,融合发展 在新形势媒体融合发展的背景下,将传统纸质教材和我社数字资源平台融合,开发信息化资源,打造成一套纸数融合的新形态一体化教材。

本系列教材得到了全国餐饮职业教育教学指导委员会和各院校、企业的大力支持和高度关注,它将为新时期餐饮职业教育做出应有的贡献,具有推动烹饪职业教育教学改革的实践价值。我们衷心希望本套教材能在相关课程的教学中发挥积极作用,并得到广大读者的青睐。我们也相信本套教材在使用过程中,通过教学实践的检验和实际问题的解决,能不断得到改进、完善和提高。

前言

　　近年来,随着社会经济的快速发展,人们的物质生活水平不断地提高,消费者对烹饪质量的要求越来越高,烹饪行业的质量备受关注。

　　"烹调基本功"是职业院校烹饪(餐饮)类专业的基础课程之一。本书以八个项目、四十二个任务为基本结构,传授烹饪专业所必需的基本技能知识、训练方法、评价方法等。

　　2019年国务院印发了《国家职业教育改革实施方案》,在编写过程中遵循方案中提出的职业教育"三对接",即专业设置与产业需求对接、课程内容与职业标准对接、教学过程与生产过程对接的要求来设计课程内容。

　　本书主要以技能操作为主,以上述方案中提出的职业教育"三对接"为准则,提高中等职业学校学生的动手能力,培养烹饪专业技能型人才。开篇即为体能训练,主要介绍体能训练操作方法;其次是勺工训练、刀工训练(刀具的种类、使用与保养,直刀法、平刀法、斜刀法、剞刀法的要求与指导)、原料成型等。旨在让学生系统掌握烹调操作的基础知识,培养学生掌握烹调操作技能,具备从事相关烹饪工作的基本职业能力,切实培养能胜任烹饪工作的技能型人才。本书为烹饪初学者的基本操作技能教程,适合于职业院校烹饪(餐饮)类相关专业教学使用,同时也可作为烹饪爱好者的参考用书。

　　本书由山西省经贸学校邵国俊、青岛市技师学院谢洪山、云南能源职业技术学院侯邦云担任主编。邵国俊负责整体框架设计、定稿工作;谢洪山负责刀工训练的统稿、定稿工作。具体章节分工如下:邵国俊编写项目一任务二、三;山西省经贸学校张剑编写项目一任务一并承担了项目一图片、视频的拍摄工作;西安商贸旅游技师学院曹鹏举承担了项目二的框架设计与编写工作,山东省东营市东营区职业中等专业学校李洪磊承担了项目二的编写工作;青岛市技师学院于扬承担了项目三任务一、二、三及项目五、六的设计与编写工作;兰州现代职业学院财经商贸学院杨小平承担了项目三任务四、项目四的编写工作;济南市技师学院单诵军承担了项目七的编写工作;济南大学范涛承担了项目八的设计、编写及视频拍摄工作。侯邦云及云南能源职业技术学院单显旺承担了部分统稿及数字资源开发、视频拍摄等工作。

　　在编写过程中,参阅了大量书籍,在此对其作者表达深深的谢意。本书的编写得到了导师杨铭铎教授的热情帮助和华中科技大学出版社的大力支持;于扬老师做了大量的前期调研与设计编写工作；张剑、范涛老师及其指导的学生摄影团队，完成了书中图片和部分视频的拍摄。再次对给予本书编写大力支持和帮助的恩师、学生和朋友们表示深深的谢意！

鉴于编者的学识和时间有限，书中难免有疏漏之处，我们企盼在今后的教学中，有所改进和提高。恳请广大读者批评指正。

编者

项目一

体能训练

项目描述

　　职业技术学校的培养目标主要是培养国家需要的实用型高技能型人才,不同的职业岗位对人的体能有不同的要求。烹饪人员不仅要适应紧张而繁重的烹饪工作,耐得住特殊气味以及高温侵袭,还要能在不同的环境下完成高强度的劳动任务。这要求烹饪专业的学生不仅拥有较强的职业技术操作能力,还应当具备较强的职业体能。如果有针对性地对学生进行专门的训练,不仅可以大大提高学生掌握技能的能力,提高学生的专业体能,也能使他们更快地适应劳动岗位,提高个人的生产效率。其中在烹饪专业中开展体能训练是不可或缺的。

项目目标

　　了解体能训练的含义与分类;了解体能训练的必要性;熟悉体能训练的实施途径。能够掌握体能训练的方法;能够熟练综合运用体能训练的方法;掌握器械训练的方法。

项目方案

　　增强学生对体能训练的认识,体会体能训练的重要性,掌握各种体能训练的方法。增强学生对器械训练的认识,体会器械训练的正确方法。

任务一　体能训练概述

➡ 任务描述

　　烹饪操作是体能运动的过程,操作技术性高,劳动强度大,具有脑力和体力并用的特点。中等职业学校的学生正处于生长发育阶段,体能尚未完善,加强体能训练,有利于减轻劳动强度,完成烹饪技能练习过程中的训练量,达到训练要求,为烹调技能的提升打下基础。

➡ 任务目标

　　1. 了解体能训练的意义。
　　2. 理解体能训练的必要性。

Note

1

3.掌握体能训练的操作方法。

 任务实施

一、体能训练的意义

体能训练是提高克服阻力能力、提升快速动作能力和持续工作能力,并避免劳动伤害的重要保障。体能训练可增加肌肉耐力、心肺功能、敏捷度及自信心。通过长期的体能训练实践,可不断提高烹饪人员的身体素质,对其做好烹饪工作产生积极的促进作用。

二、厨工体能训练的必要性

❶ **烹饪专业学生进行体能训练有助于提高技术训练的能力和水平** 学生具备良好的体能,在一定程度上可实现其技术训练。烹饪工作是一个比较复杂且劳动强度较大的操作过程,需要耗费大量的时间、精力。为达到预期的目的和效果,烹饪专业的学生应当通过每天的体能训练促使身体不断得到锻炼,并逐步养成良好的身体素质。提高学生的身体素质,对提高烹饪的操作技巧和水平都是具有帮助意义的。

❷ **烹饪专业学生进行体能训练有助于心理素质和稳定心理状态的逐步培养** 体能训练不仅能够帮助烹饪专业学生培养支撑起烹饪操作的力量和能力,同时也有助于稳定学生的身心,让学生在其心理状态最佳的情况下开展工作。体能训练是心理状态稳定化、健康化的关键,有利于提高学生对烹饪知识学习的自信心和责任感。

❸ **烹饪专业学生进行体能训练有助于增强其耐心和决心** 强大的耐心和决心是提高学生疲劳耐受度的有效途径,同时也是烹饪专业的学生必须具备的条件之一。耐心和决心可帮助学生强化自身的体能训练,不断提高自身对体能训练的追求。具备良好的耐心和决心,促使学生在各项体能训练中都得以认真对待,以便充分发挥和体现体能对烹饪专业学生的优势和价值。

烹饪体能训练可以利用烹饪实践操作课专门进行,如刀工训练、翻勺训练、持重训练等。同时要与体育课相结合,利用哑铃、双杠等器械,进行腕力、臂力和腿力等项目训练。平时也可以利用课余时间进行跑步锻炼,提高学生的体能耐力。

勺工和刀工操作时主要运用腕力、臂力和腿力。在勺工操作时,多数人的左手远赶不上右手灵巧有力,所以要加强左手的腕力和臂力训练,才能进一步练好勺工;刀工操作时,右手持刀操作主要是腕力的运用,同时在长时间操作时臂力的大小更重要。

 任务小结

本任务主要介绍体能训练的意义与必要性。通过学习树立学生强化自身体能训练的耐心和决心。

 同步测试

1.勺工和刀工操作时主要运用_____、_____和_____。在勺工操作时,多数人的_____远赶不上_____灵巧有力,所以要加强左手的腕力和臂力训练,才能进一步练好勺工。

2.体能训练不仅能够帮助烹饪专业学生具备支撑起烹饪操作的_____和_____,同时也有助于稳定学生的身心,让学生在其心理状态最佳的情况下开展工作。

3.体能训练是心理状态_____、_____的关键,有利于提高学生对烹饪知识学习的自

扫码看答案

信心和责任感。

    4.体能训练的意义是什么？

    5.体能训练的必要性是什么？

    6.如何树立强化自身体能锻炼耐心和决心？

任务二 体能徒手训练

▷ 任务描述

    徒手训练是指不借助任何器械、自然状态下进行体能训练，从而提高自身身体状况、增强自身机体承受强度，有利于身体健康。

▷ 任务目标

    1.了解俯卧撑、平板支撑、仰卧起坐等训练的方法。

    2.熟练掌握俯卧撑、平板支撑、仰卧起坐等基本姿势、动作。

    3.能熟练地正确进行俯卧撑、平板支撑、仰卧起坐等的运用与训练，提高锻炼身体的意识。

▷ 任务实施

一、俯卧撑

    俯卧撑在日常锻炼中是一项基本训练。俯卧撑主要锻炼上肢、腰部及腹部的肌肉，尤其是胸肌，是很简单、易行却十分有效的力量训练手段。

    最常用的俯卧撑方法是，双手略宽于肩，双脚并拢，挺胸收紧腰腹部，然后屈肘让重心下降至胸部快贴近地面1厘米的位置，稍停，再集中胸大肌的力量快速推起（图1-2-1）。

(a)   (b)

图 1-2-1 俯卧撑

❶ 训练方法

（1）做俯卧撑时，双手要分开略宽于肩。

（2）双腿略分开，伸直。

（3）双手自然弯曲，身体下探，目视前方。胸大肌绷紧，肱三头肌收缩。

（4）身体下探后，在下方用鼻子进行呼吸的吸气动作。

（5）在身体上仰后，在上方用鼻子进行呼吸的呼气动作。

（6）在进行俯卧撑运动时，背部与臀部始终保持在一条水平线上，始终用脚尖支撑地面。

（7）保持上半身完全笔直，双脚微微张开，双手放在与肩膀同一条直线上，手臂半弯，然后伏低身体直到胸部几乎能贴到地面，最后回到初始状态。

❷ **训练标准**　在日常锻炼中，初学者练习俯卧撑可以进行 2 组训练，每组 15～20 个；有一定基础的运动者则可做 3 组，每组 20 个；高水平人士可以尝试 4 组，每组 30～50 个的俯卧撑锻炼。

建议每次练习做 3 组，每组 15 个；每组之间间歇 5～10 分钟。

二、平板支撑

平板支撑是一种类似于俯卧撑的肌肉训练方法，在锻炼时主要呈俯卧姿势，可以有效地锻炼腹横肌，被公认为训练核心肌群的有效方法。

❶ **训练方法**　俯卧，双肘弯曲支撑在地面上，肩膀和肘关节垂直于地面，双脚踩地，身体离开地面，躯干伸直，头部、肩部、胯部和踝部保持在同一平面，腹肌收紧，盆底肌收紧，脊柱延长，眼睛看向地面，保持均匀呼吸（图 1-2-2）。

图 1-2-2　平板支撑

每组保持 60 秒，每次训练 4 组，组与组之间间歇不超过 120 秒。

❷ **动作要领**　肘关节和肩关节与身体保持垂直。在地板上进入俯卧姿势，用脚趾和前臂支撑身体。手臂呈弯曲状，并置放在肩膀下。任何时候都保持身体挺直，并尽可能更长时间保持这个位置。

若要增加难度，手臂或腿可以提高。肩膀在肘部上方，保持腹肌的持续收缩发力（控制住），保持臀部不高于肩部，双脚与肩同宽。手部可以合十，在坚持 75 秒以上的时候适当抬高一下臀部（因为随着时间推移我们的臀部会下沉，所以需要臀部和腰部、腿保持直线）。颈部保持前倾，可以锻炼颈部。

平板支撑能够减少背部的受伤，因为在做平板支撑的时候可以增强肌肉，这样就不会给脊柱和背部太大的压力，另外还可以给背部强有力的支持，特别是上背部区域。

❸ **注意事项**

（1）任何时候都保持身体挺直，并尽可能长时间保持这个位置。若要增加难度，手臂或腿可以提高。

（2）需要一个比较合适的平板，不能太硬也不能太软。肩膀在肘部上方，保持腹肌的持续收缩发力（控制）。

三、仰卧起坐

仰卧起坐是一种锻炼身体的方式。身体仰卧，两腿并拢，两手上举，利用腹肌收缩，两臂向前摆动，迅速成坐姿，上体继续前屈，两手触脚面，低头；然后还原成坐姿，如此连续进行。

❶ **训练方法**

（1）身体仰卧于地垫上，屈膝成 90° 左右，脚部平放在地上，切勿把脚部固定（例如由同伴用手按着脚踝），否则大腿和髋部的屈肌便会加入工作，从而降低了腹部肌肉的工作量。

（2）直腿的仰卧起坐会加重背部的负担,容易对背部造成损害。根据本身腹肌的力量而决定双手安放的位置,因为双手越是靠近头部,进行仰卧起坐时便会越感吃力。初学者可以把手靠于身体两侧,当适应了或体能改善后,便可以把手交叉贴于胸前。

（3）亦可以尝试把手交叉放于头后面,但双手应放在身体另一侧的肩膀上。

初学者要避免一次过做过多次数的仰卧起坐,最初进行时可以尝试先做 5 次,然后每次练习多加 1 次,直至达到 15 次左右,这时便可尝试多做一组,直至到达 3 组为止。

② 注意事项　千万不要把双手的手指交叉放于头后面,以免用力时拉伤颈部的肌肉,而且这亦会降低腹部肌肉的工作量。

进行时宜采用较缓慢的速度,就如慢动作回放一般。当腹肌把身体向上拉起时,应该呼气,这样可确保处于腹部较深层的肌肉都同时参与工作。

任务小结

本任务主要讲解俯卧撑、平板支撑、仰卧起坐的操作要领及训练方法。它是厨工体能训练的基础,通过熟练地掌握训练方法,更好地加强自身的体能训练,获得更强的体魄。

同步测试

体能训练测试表

姓名:＿＿＿＿＿＿＿＿＿　　　学号:＿＿＿＿＿＿＿＿＿　　　班级:＿＿＿＿＿＿＿＿＿

项　　目	标 准 要 求		实测数目	实测时间	得　　分
	数量	时间			
俯卧撑	15 个/人/组	30 秒			
平板支撑	—	30～60 秒/次			
仰卧起坐	10 个/人/组	60 秒			
总分					

任务三　器械训练

任务描述

器械训练是指利用一些器械(如哑铃、单杠、双杠等)进行体能训练,从而提高自身体能状况、增强自身机体承受强度,有利于身体健康。

任务目标

1. 了解哑铃、单杠、双杠等器械的训练方法。

2. 能够掌握哑铃、单杠、双杠等器械进行一些基本动作运用的训练。

3. 能够熟练地对哑铃、单杠、双杠等器械进行正确运用与训练,具备锻炼身体的能力。

→ 任务实施

一、哑铃训练

哑铃是举重和健身练习的一种辅助器材。其比杠铃体积要小,轻哑铃的重量有 6、8、12、16 磅(1 磅=0.4536 千克)等,重哑铃的重量有 10、15、30 千克等。因练习时无声响,取名哑铃。哑铃是一种用于增强肌肉力量的简单器材。它的主要材料是铸铁,有的外包一层橡胶。

它的用途是进行肌力训练、肌肉复合动作训练。因运动麻痹、疼痛、长期不活动等导致肌力低下的患者,手持哑铃,可利用哑铃的重量进行抗阻力主动运动,以训练肌力。哑铃可训练单一肌肉;如增加重量,则需多个肌肉的协调,也可作为一种肌肉复合动作训练。

科学地使用哑铃,确实可以收到很好的锻炼效果。有报道说,当年施瓦辛格一身健美的肌肉,主要就是通过哑铃锻炼而得。但是确有不少人用哑铃锻炼后,既没有增加力量,也没有变得健美,常会就此心灰意冷,哑铃也被束之高阁,甚至成为锤子的替代品。事实上,哑铃训练大有学问。如果不加以贯彻,锻炼效果往往会大失所望。

❶ **基本动作与练习方法**

(1)身体自然正直、两手持哑铃向前平举与肩同高、两臂伸直同时向两边用力拉开(图 1-3-1),如此反复做 6～12 个为一组。

(2)身体自然正直、两手于体侧持哑铃、两臂伸直同时向两侧用力上拉至与肩同高(图 1-3-2),如此反复做 6～12 个为一组。

图 1-3-1　哑铃训练基本动作一

❷ **注意事项**　训练前要先选择重量合适的哑铃,一般需要选择 65%～85% 负荷的哑铃。所谓负荷是指所能举起的最大重量。举个例子,如果每次能举起的最大重量是 10 千克,就需要选择重量为 6.5～8.5 千克的哑铃进行锻炼。锻炼时每次做 3～4 组,动作速度不宜过快,每组间隔 2～3 分钟。负荷太大或太小,间歇时间太短或太长,效果都不好。

❸ **哑铃操**

(1)第一节——伸展运动(二八拍)。

预备姿势:立正,身体自然正直,两手于体侧持铃(图 1-3-3)。

第一拍:两臂侧平举。

第二拍:半蹲,同时两臂于胸前直臂击铃。

第三拍:还原成一。

第四拍:还原成预备姿势。

第五至八拍与第一至四拍动作相同。

哑铃操
训练视频

(a)   (b)

图 1-3-2　哑铃训练基本动作二

图 1-3-3　哑铃操预备姿势

（2）第二节——体转运动（二八拍）。

预备姿势：立正，身体自然正直，两手于体侧持铃。

第一拍：左脚向左跨出一步，同时，两臂成侧平举。

第二拍：两脚不动，上体向左转体90°，在胸前直臂击铃。

第三拍：还原成一。

第四拍：还原成预备姿势。

第五至八拍与第一至四拍动作相同，但方向相反。

（3）第三节——踢腿运动（二八拍）。

预备姿势：立正，身体自然正直，两手于体侧持铃。

第一拍：两腿不动，两臂侧平举。

第二拍：左腿踢起。

第三拍：同一。

第四拍：同预备姿势。

第五至八拍与第一至四拍动作相同，但方向相反。

(4) 第四节——跳跃运动(二八拍)。

预备姿势:立正,身体自然正直,两手于体侧持铃。

第一拍:两脚左右开立,同时,两臂屈肘持铃至腰间。

第二拍:两脚直立,同时,两臂举成肩侧屈。

第三拍:两脚左右开立,同时,两臂在头上直臂击铃。

第四拍:两脚直立,同时,两臂经体前下落到体侧。

第五至八拍与第一至四拍动作相同。

二、单杠训练

单杠训练的主要方法是引体向上。引体向上,是中考和高中体育会考的考试选择项目之一,主要测试上肢肌肉力量的发展水平,为男性上肢力量的考查项目,是自身力量克服自身重力的悬垂力量练习,是最基本的锻炼背部的方法,也是衡量男性体质的重要参考标准和项目之一。

引体向上要求男性有一定的握力和上肢力量,这个力量必须能克服自身的体重才能完成一次。引体向上对发展上肢悬垂力量、肩带力量和握力有重要作用。它是以按动作规格完成的次数来计算成绩的,做得多则成绩好,因此,它是一种力量耐力项目。

初学者及比较重的人可以使用弹力带辅助练习,或请人上托助练。同时做直臂悬垂、屈臂悬垂、低杠斜身引体、悬垂摆动、低杠仰卧引体(有一人抬腿)、屈臂引体等练习。

引体向上种类多种多样,主要分为静力引体向上和借力引体向上(可以摆动身体)两大类。

（一）静力引体向上

❶ **起始姿势** 两手用宽握距正握(掌心向前)单杠,略宽于肩,两脚离地,两臂自然下垂伸直。

图 1-3-4 静力引体向上

❷ **动作过程** 用背阔肌的收缩力量将身体往上拉起,当下巴超过单杠时稍做停顿,静止一秒钟,使背阔肌彻底收缩(图 1-3-4)。然后逐渐放松背阔肌,让身体徐徐下降,直到恢复完全下垂,重复再做。可以弯曲膝关节,将两小腿向后交叉,使身体略微后倾,能更好地锻炼背部肌肉。

❸ **呼吸方法** 身体上拉时吸气,下垂时呼气。

❹ **注意要点** 上拉时意念集中在背阔肌,把身体尽可能拉高,不要让身体摆动。下垂时脚不能触及地面。可在腰上钩挂杠铃片来加重。

（二）借力引体向上

借力引体向上的起始姿势、呼吸方法和静力引体向上相似。

❶ **动作过程** 两手正握单杠,将身体悬垂于空中(图1-3-5),摆动身体,借摆动身体急停的力,双手向上拉杠,使下巴高于杠面,下杠时双臂缓慢弯曲,身体慢慢还原到启动状态,然后顺势将双膝盖弯曲,再借力完成下一个动作。

❷ **动作要领** 保持身体挺直而稳定;肘部和肩部应是全身唯一运动的部位。

❸ **注意要点** 动作技术要规范,意念要集中。上拉时想象背阔肌上部外侧末端一直被拉至腰部,直到胸部触及横杠不能再上拉为止,并静停 3～5 秒,保持背部所有肌群完全收紧,似乎全身的血液都涌向这个部位。这样才能真正获取训练背阔肌所需刺激的广度和深度,从而有效地发达背阔肌。

❹ **练习建议** 练习时,一般每次 3～5 组,每组 8～12 次,组间休息 1 分钟左右。也可以第一组

图 1-3-5　借力引体向上

时做到几乎竭尽全力(无论是 3 个还是 4 个),然后再做 2 组,每组尽力而为。下次再做时,尝试每组多做 1~2 个,或多做 1 个。

三、双杠训练

双杠训练的主要训练方法为双杠臂屈伸。双杠臂屈伸以练习胸肌、肱三头肌和三角肌(前束)为主,兼练背阔肌、斜方肌等。需要的器材为双杠最佳。初始练习者力量不佳,可选择长凳、床等家具,采取同样动作进行(因脚踩地可减低体重负荷)。

训练的一般过程为:双手分别握杠,两臂支撑在双杠上,头正挺胸顶肩,躯干、上肢与双杠垂直,屈膝后小腿交叠于两脚的踝关节部位。肘关节慢慢弯曲,同时肩关节伸屈,使身体逐渐下降至最低位置。稍停片刻,两臂用力撑起至还原。

❶ 动作要求

(1) 下放的速度要慢,不要降太低,否则对肩关节压力大。

(2) 身体不可随意晃动,要保持平衡。

(3) 不要在身体的前后摆动中完成动作。

❷ 动作节奏　下放 2 秒左右,静止 1~2 秒,撑起 2 秒。

另有一个较特殊的练习方式:仰卧撑,对肱三头肌的刺激极强,可在双杠或垫上进行。

四、持锅(勺)训练与持锅(勺)负重训练

持锅(勺)训练是厨工临灶的一个基本动作,也是一项基本功。

操作要领及方法:身体自然站直、两腿自然分开、双脚分开与肩同宽、左手将锅(勺)端起,身体自然放松,上臂与下臂自然弯曲,用力将锅(勺)端正;持续时间在 30~60 秒之间(图 1-3-6)。练习一段时间后,可逐步在锅(勺)中增加重量,按 500 克、1000 克、1500 克三个量级,向锅(勺)内逐次增加沙粒(或盐粒)的重量,持续时间也在 30~60 秒之间。根据体能状况逐步增加练习的频率。

这个训练既可训练臂力,同时也训练了持锅(勺)的能力。

▶ **任务小结**

本任务主要是利用一些器械进行训练,介绍一些基本方法(如:引体向上、双杠臂屈伸等)以及持

(a)

(b)

图 1-3-6 持锅训练

锅(勺)训练操作要领及训练方法。通过掌握器械训练方法,更好地加强自身的体能训练,获得更强的体魄。

▶ 同步测试

器械训练测试表

姓名:＿＿＿＿＿＿＿＿　　　　学号:＿＿＿＿＿＿＿＿　　　　班级:＿＿＿＿＿＿＿＿

项　目	标　准	时　间	数　量	得　分
哑铃训练	10～15 个/次	20 秒		
引体向上	每组 8 个/次	60 秒		
持锅(勺)负重训练	30～60 秒/次	—		
合　计				

10

项目二

勺工训练

项目描述

勺工是厨师临灶运用炒勺（或炒锅）的方法与技巧的综合技术。在制作菜肴的过程中能够根据菜品的需要，熟练运用勺工技术，进行不同程度的前后左右的翻动，达到加热、调味、勾芡、出锅装盘等方面的要求。

项目目标

1. 掌握勺工的基本姿势。
2. 掌握翻勺的基本操作方法与技术要领，并熟练运用。
3. 掌握手勺的使用方法，并能熟练运用。

任务一　勺工基础知识

任务描述

勺工运用的熟练程度决定着菜肴的品质，掌握熟练的勺工技术不仅可以烹制出符合标准的菜肴，同样也可以有效节省体力。

任务目标

熟悉勺工的基础知识，掌握勺工的作用，熟知勺（锅）的种类及用途。

任务实施

一、勺工的作用

勺工作为烹调基本功的重要内容之一，操作者勺工技术的好坏会直接影响到菜品的质量。勺（或锅）放置在炉灶上，原料入锅开火炒制，原料从生到熟瞬息变化，稍有不慎就会造成菜品的失败。因此，勺工对于菜品的制作至关重要。其主要表现在以下几点。

（一）使烹饪原料受热均匀

为了加快出菜速度，专业厨房的炉灶火力较大，勺与锅的传热速度极快，在热传递加热菜肴过程中，需要通过翻动菜肴原料使其受热均匀，达到菜肴火候的最佳时机。否则将会影响菜肴品质，甚至造成焦煳,无法正常食用。

(二)使烹饪原料入味均匀

在菜肴的制作过程中调味至关重要,其决定了菜肴的成败。原料在锅中不定地翻动才能够使调味品快速溶解,能够与原料均匀混合达到入味均匀的目的。

(三)使烹饪原料着色均匀

勺工技术的运用,确保了成品菜肴色泽均匀一致,如煎、贴等类型菜肴的上色。有色调料不仅有调味的作用还有上色的作用,要通过翻动使菜肴均匀着色。

(四)使烹饪原料勾芡均匀

运用勺工技术中的晃勺与翻勺,使芡汁能够达到均匀包裹原料的目的。

(五)保持菜肴的形态

菜肴在制作过程中造型也至关重要,在炒制过程中需要保持原料形态完整,这与勺工技术密不可分。煎、扒、塌等类的菜肴制作,需要运用大翻勺,将锅中原料进行 180°翻动,保持原料的完整与入味。

(六)避免菜肴粘锅

对于需要长时间加热或需要大火快速收汁的菜肴,因原料当中胶原蛋白较为丰富,汤汁比较黏稠,因此需要变换原料在锅中加热的位置防止引起粘锅。

二、勺(锅)的种类及用途

厨师对于厨具的选择也各有千秋,厨师会选用铁、不锈钢、钢、铝和陶瓷等材料制作的厨具,其中铁器占绝大多数。从外形上看主要有弧形锅和平底锅,以弧形锅为主。

中国地域广阔,各地区对于勺的称谓也不尽相同,山东等地称之为勺,陕西一带称之为瓢,广东沿海地区称之为锅。其外形上也有区别,北方大多数地区为单柄炒勺,南方大多数地区为双耳炒锅,部分地区选用单柄平底锅。

根据烹饪菜肴的容量,锅(勺)可分为大、中、小三种不同的型号。

种类	炒勺	炒锅
大	口径 38～40 厘米	口径 80～120 厘米
外形特点	口径较大,深度较浅	锅底、锅壁厚度一致,口径比中号大,较重
主要用途	烹制煎、扒、塌等类菜肴	大型宴会菜肴制作
中	口径 33～36 厘米	口径 55～75 厘米
外形特点	口径较大,深度较深	锅底、锅壁厚度一致,口径比小号大
主要用途	烹制烧、焖、炖等类菜肴	烹制烧、焖、炖等类菜肴
小	口径 30～32 厘米	口径 30～40 厘米
外形特点	勺底略平,勺壁薄,口径较小,较轻	锅底厚,锅壁薄,锅浅,重量轻
主要用途	烹制炒、爆、熘等类菜肴	烹制炒、爆、熘等类菜肴

 任务小结

在现实工作中有很多厨师在运用勺工烹调菜品时出现了弯腰、驼背、肩周炎等问题,而这些都是因为没有养成良好的勺工基础姿势造成的问题,同时错误的姿势还会影响到厨师能否熟练地制作出质量合格的菜品,所以,良好的基本姿势可以延长厨师的职业生涯时间,有助于厨师烹调技艺提升。

同步测试

1. 勺与锅的_____速度极快,在热传递加热菜肴过程中,需要通过_____菜肴原料使其受热均匀,达到菜肴火候的最佳时机。

2. 在菜肴的制作过程中_____至关重要,决定了菜肴的_____。

3. 勺工技术的运用,确保了成品菜肴_____均匀一致,如_____、_____、_____等类型菜肴的上色。

4. 运用勺工技术中的_____与_____,使_____能够达到均匀包裹原料的目的。

5. 煎、扒、塌等类的菜肴制作,需要运用_____,将锅中原料进行_____翻动,保持原料的_____与入味。

6. 小号炒勺口径为_____厘米,中号炒锅为_____厘米。

7. 如何避免粘锅现象?

8. 烹调中如何保持原料入味均匀?

9. 简述各地对炒勺的称谓。

10. 大号炒勺的主要用途有哪些?

任务二　勺工基本姿势

任务描述

勺工基本姿势主要包括临灶操作的基本姿势和手势。良好的勺工基本姿势可以方便操作,有利于提高工作效率和减轻疲劳、降低劳动强度,有利于身体健康等。

任务目标

学习勺工基本姿势的理论知识,掌握勺工基本姿势的标准,能够将勺工基本姿势进行实际运用;培养提高锻炼身体的意识。

任务实施

一、临灶操作的站姿

临灶操作的站姿是中餐烹饪厨师在临灶操作时身体站立的基本姿势,良好的临灶操作站姿有利于降低中餐烹饪厨师的劳动强度,对中餐烹饪厨师的脊柱、肩膀、腰部、腿部起到一定的保护作用,有助于提高烹调效率。

（一）临灶操作的站姿标准

（1）面向炉灶站立,身体与灶台保持一定的距离(10 厘米左右)。

（2）两脚分开站立,两脚尖与肩同宽,为 40～50 厘米(可根据身高适当调整)。

（3）上身保持自然正直,自然含胸,略向前倾,不可弯腰曲背,目光注视勺中原料的变化。

临灶站姿见图 2-2-1。

(a)   (b)

图 2-2-1　临灶站姿

（二）临灶操作的站姿标准应用

在操作时要注意要保持腰、肩、腿部均匀受力,灵活协调地活动身体,切忌养成局部肌肉受力的习惯,尤其是腰、肩部。

二、握炒锅（勺）的手势

握炒锅（勺）的手势是中餐烹饪厨师在临灶烹调时手握炒锅（勺）进行勺工技法操作时的基本握炒锅（勺）姿势,良好的握炒锅（勺）姿势可以提高手的抓握力,对手指、手腕等部位起到一定保护作用,是勺工技法运用的基础姿势。

（一）握炒锅（勺）的手势标准

❶ **握炒勺的手势（图 2-2-2）**　左手握住勺柄,手心朝右上方,大拇指在勺柄上面,其他四指弓起,指尖朝上,手掌与水平面约成 140°夹角,合力握住勺柄。

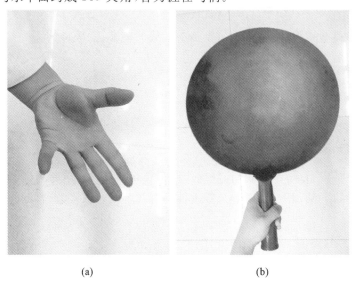

(a)   (b)

图 2-2-2　握炒勺手势

❷ **握炒锅的手势（图 2-2-3）**　用左手大拇指扣紧锅耳的左上侧,其他四指微弓朝下,向右斜张开托住锅壁。

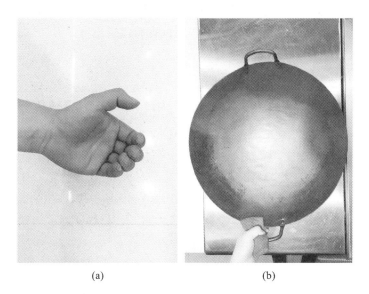

(a)　　　　　　　　　(b)

图 2-2-3　握炒锅手势

（二）握炒锅（勺）的手势标准应用

在操作时应注意不要过于用力，以握牢、握稳为准，以便在翻勺中充分运用腕力和臂力的变化，使翻勺灵活自如，达到准确无误的程度。

三、握手勺的手势

（一）握手勺的手势标准

用右手的中指、无名指、小指与手掌合力握住勺柄，主要目的是在操作过程中起到勾拉、搅拌的作用。具体方法：食指前伸（对准勺碗背部方向），指肚紧贴勺柄，大拇指伸直与食指、中指合力握住手勺柄后端，勺柄末端顶住手心。要求握牢而不死，施力、变向均要做到灵活自如。握手勺手势见图2-2-4。

(a)　　　　　　　　　(b)

图 2-2-4　握手勺手势

（二）握手勺的手势标准应用

手勺在勺工中起着重要的作用，不但要舀料和盛菜装盘，还要参与配合左手翻勺。通过手勺和炒勺的密切配合，使原料受热均匀、成熟一致、挂芡均匀、着色均匀，握好手勺后的基本应用技法包括拌、推、搅、拍、淋，其操作要领详见表2-2-1。

表 2-2-1 手勺基本技法操作要领

基 本 技 法	具 体 操 作 要 领
拌	当用煸、炒等烹调方法制作菜肴时,原料下锅后,先用手勺翻拌原料将其炒散,再利用翻勺方法将原料全部翻转,使原料受热均匀
推	当对菜肴施芡或炒芡时,用手勺背部或其勺口前端向前推炒原料或芡汁,扩大其受热面积,使原料或芡汁受热均匀、成熟一致
搅	有些菜肴在即将成熟时,往往需要烹入芡汁,为了使芡汁均匀包裹住原料,要用手勺从侧面搅动,使原料、芡汁受热均匀,并使原料、芡汁融合为一体
拍	在用扒、熘等烹调方法制作菜肴时,先在原料表面淋入水淀粉或汤汁,然后用手勺背部轻轻拍按原料,可使水淀粉向原料四周扩散、渗透,使之受热均匀,致使成熟的芡汁均匀分布
淋	即在烹调过程中,根据需要用手勺舀取水、油或水淀粉,缓缓地将其淋入炒勺内,使之分布均匀。淋法是烹调菜肴时的操作方法之一

▶ 任务小结

　　正确的握锅(勺)姿势、站立姿势、握手勺姿势是后期学生实训技能学习的基础,在课程中出现的不正确的握锅(勺)手势、站立姿势、握手勺姿势,主要是由于学生的体能等方面基本功不扎实,学生在操作中还未形成正确的职业素养,从而导致出现一些不正确的姿势,最终会影响菜品的成菜质量。

▶ 同步测试

扫码看答案

一、理论测试

　　1. 面向炉灶站立,身体与灶台保持_____的距离。

　　2. 两脚分开站立,两脚尖与肩同宽,为_____厘米(可根据身高适当调整)。

　　3. 上身保持_____,自然含胸,略向前倾,不可_____,目光注视勺中原料的变化。

　　4. 握好手勺后的基本应用技法包括_____、_____、_____、_____、_____。

　　5. 握炒勺的手势是左手握住勺柄,手心朝右上方,大拇指在_____,其他四指弓起,指尖朝上,手掌与水平面约成_____夹角,合力握住勺柄。

　　6. 握炒锅的手势是用左手大拇指扣紧锅耳的_____,其他四指_____,向右斜张开托住锅壁。

　　7. 在操作时应注意不要过于用力,以_____、_____为准,使翻勺_____,达到准确无误的程度。

　　8. 临灶站势的具体要求有哪些?

　　9. 握炒锅的正确手势是什么?

　　10. 握炒勺的正确手势是什么?

　　11. 握炒锅(勺)的正确手势应如何进行应用?

　　12. 握手勺的正确手势是什么?

　　13. 握手勺的正确手势应如何进行应用?

二、技能测试

❶ 考核目标

勺工的基本姿势主要包括临灶操作的基本站势和手势。如何做到正确的临灶站姿与正确的握锅(勺)手势是本任务主要的考核内容。

❷ 考核内容

以炉灶工位为考核单位,学生主要通过临灶模拟正确临灶站姿与握炒锅(勺)、手勺的正确手势。在此过程中学生仪容仪表、手布的正确叠法等也是考核重点。

❸ 考核标准

序号	评 分 细 则	总分	分值			得分
			优	良	差	
1	面向炉灶站立,身体与灶台保持一定的距离(10分);两脚分开站立,两脚尖与肩同宽,为40~50厘米(10分);上身保持自然正直,自然含胸,略向前倾,不可弯腰曲背,目光注视勺中原料的变化(10分),可根据学生姿势情况扣除相应分值,扣30分为止	30	30	20	10	
2	训练中炒锅(勺)、手勺的协调性	30	30	20	10	
3	拇指扣住锅耳的左上侧,其余四指弯曲成半握拳状,顶住锅沿。四指张开托锅的扣20分,四指握拳的扣5分	20	20	15	8	
4	工服整洁,上下衣、帽、领结、围裙、校牌齐全	10	10	6	3	
5	手布整洁、叠法正确。不整洁的扣5分,叠法不正确的扣5分	10	10	6	3	
总分						

❹ 考核方法

教师讲解→示范操作→学生练习(分组或个人)→教师巡回指导→综合讲评。

任务三 小翻勺

▶ 任务描述

小翻勺又称前翻勺、颠勺、正翻勺,是指将原料由炒勺(或炒锅)的前端向勺柄方向翻动的技法,是最常用的一种翻勺方法。这种方法因原料在勺中运动的幅度较小,而被称为小翻勺。

▶ 任务目标

学习理解小翻勺的概念;认识小翻勺在烹饪中的作用;掌握小翻勺的操作方法;能够在实际操作中体现出小翻勺的技术要领;培养动手能力。

▶ 任务实施

一、小翻勺的作用与种类

这种翻勺方法单柄炒勺、炒锅均可使用,主要适用于熘、爆、炒、烹等烹调方法。小翻勺按其方法可分为拉翻勺和悬翻勺两种。

（一）悬翻勺

悬翻勺是指将勺端离灶口，与灶口保持一定距离的翻勺方法。

（二）拉翻勺

拉翻勺又称拖翻勺，即在灶口上翻勺，指炒勺底部依靠着灶口边沿的一种翻勺技法。

二、小翻勺的操作方法

❶ **悬翻勺操作方法（图 2-3-1）** 左手握住勺柄，将勺端起，与灶口保持一定距离（20～30 厘米），使炒勺前低后高，先向后轻拉，再迅速向前送出，原料送至炒勺前端时，将炒勺的前端略翘，快速向后拉回，使原料做一次翻转。

图 2-3-1　悬翻勺操作方法

❷ **拉翻勺操作方法（图 2-3-2）** 左手握住勺柄（或锅耳），炒勺略向前倾斜，先向后轻拉，再迅速向前送出，以灶口边沿为支点，炒勺底部紧贴灶口边沿呈弧形下滑，至炒勺前端还未触碰到灶口前沿时，将炒勺的前端略翘，然后快速向后勾拉，使原料翻转。

三、小翻勺的技术要领

❶ **悬翻勺的技术要领** 向前送时速度要快，并使炒勺向下呈弧形运动；向后拉时，炒勺的前端要迅速翘起。

❷ **拉翻勺的技术要领** 通过小臂带动大臂的运动，利用灶口边沿的杠杆作用，使勺底在上面前

(a)　　　　　　　　　　　　(b)

(c)　　　　　　　　　　　　(d)

图 2-3-2　拉翻勺操作方法

后呈弧形滑动；炒勺向前送时速度要快，先将原料滑送到炒勺的前端，然后顺势依靠腕力快速向后勾拉，使原料翻转。"拉、送、勾拉"三个动作要连贯、敏捷、协调、利落。

➡ 任务小结

　　小翻勺多运用于汤汁较少的菜品制作当中，在实际运用中往往会出现菜品成熟不均匀或原料形状破损严重的现象，这些都是翻勺不熟练和翻动频次过多造成的，练习时一定要保持规范、自然，把握好时机，观察原料动向，并将整套的动作连贯运用，视原料变化程度适当翻动，否则影响菜品质量。

➡ 同步测试

扫码看答案

一、理论测试

1. 面向炉灶站立时，身体应与灶台保持一定的距离，为_____厘米左右。

2. 小翻勺按其方法可分为_____和_____两种。

3. 小翻勺方法主要适用于_____、_____、_____、_____等烹调方法。

4. 悬翻勺向前送时速度要快，并使炒勺向下呈_____。

5. 拉翻勺是通过_____带动_____的运动，利用灶口边沿的_____作用。

6. 小翻勺的作用与种类有哪些？

7．小翻勺中悬翻勺的操作方法是什么？

8．小翻勺中拉翻勺的操作方法是什么？

9．悬翻勺的技术要领有哪些？

10．拉翻勺的技术要领有哪些？

二、技能测试

❶ 考核目标

让学生理解小翻勺的概念；认识小翻勺在烹饪中的作用；掌握小翻勺的操作方法，将理论知识转化为实践知识；能够在实际操作中体现出小翻勺的技术要领；培养动手能力。

❷ 考核内容

考核的主要内容面向本任务的学习重点，并且引导学生养成不断强化技能的习惯。本任务的考核重点为学生对于悬翻勺与拉翻勺正确操作方法的掌握情况，同时进行日常行为规范中的仪容仪表、手布叠法、握勺手法考核。

❸ 考核标准

序号	评分细则	总分	分值			得分
			优	良	差	
1	左手握住勺柄，将勺端起，与灶口保持一定距离（20～30厘米），使炒勺前低后高，先向后轻拉，再迅速向前送出，原料送至炒勺前端时，将炒勺的前端略翘，快速向后拉回，使原料做一次翻转	30	30	20	10	
2	左手握住勺柄（或锅耳），炒勺略向前倾斜，先向后轻拉，再迅速向前送出，以灶口边沿为支点，炒勺底部紧贴灶口边沿呈弧形下滑，至炒勺前端还未触碰到灶口前沿时，将炒勺的前端略翘，然后快速向后勾拉，使原料翻转	30	30	20	10	
3	拇指扣住锅耳的左上侧，其余四指弯曲成半握拳状，顶住锅沿。四指张开托锅的扣10分，四指握拳的扣5分	10	10	7	3	
4	手布整洁、叠法正确。不整洁的扣5分，叠法不正确的扣5分	10	10	7	3	
5	工服整洁，上下衣、帽、领结、围裙、校牌齐全	10	10	7	3	
6	训练中炒锅（勺）、手勺的协调性	10	10	7	3	
总分						

❹ 考核方法

教师讲解→示范操作→学生练习（分组或个人）→教师巡回指导→综合讲评。

任务四 助翻勺

➡ 任务描述

助翻勺是指炒勺在做翻勺动作时，手勺协助推动原料翻转的一种翻勺技法。

➡ 任务目标

学习理解助翻勺的概念；认识助翻勺在烹饪中的作用；掌握助翻勺的操作方法；能够在实际操作

中体现出助翻勺的技术要领;培养双手的协调能力。

 任务实施

一、助翻勺的作用

助翻勺主要用于原料数量较多、原料不易翻转的情况下,或使芡汁均匀挂住原料。单柄勺、双耳锅均可使用。

二、助翻勺的操作方法

左手握炒勺,右手持手勺,手勺在炒勺的上方里侧,炒勺先向后轻拉,再迅速向前送出,手勺协助炒勺将原料推送至炒勺的前端,顺势将炒勺前端略翘,同时手勺推翻原料。最后炒勺快速向后拉回,使原料做一次翻转。助翻勺操作方法见图 2-4-1。

(a)　　　　(b)

(c)　　　　(d)

图 2-4-1　助翻勺操作方法

三、助翻勺的技术要领

炒勺向前送的同时,利用手勺的背部由后向前推助,将原料送至炒勺的前端。原料翻落时,手勺迅速后撤或抬起,防止原料落在手勺上。在整个翻勺过程中左右手配合要协调一致。

任务小结

助翻勺在实际工作中应用比较广泛,操作时手勺与翻勺动作有机结合,使得翻勺更加轻松,运用时应注意力度要把握好,过激可能会烫到手,过轻就会造成原料翻炒不均匀。

同步测试

扫码看答案

一、理论测试

1. 助翻勺主要用于_____、_____的情况下,或使_____均匀挂住原料。

2. 助翻勺时_____握炒勺,_____持手勺。

3. 助翻勺时炒勺先向_____轻拉,再迅速向_____送出,手勺协助炒勺将原料推送至炒勺的_____,顺势将炒勺前端略翘,同时手勺推翻原料。

4. 助翻勺时整个翻勺过程中左右手配合要_____。

5. 助翻勺的作用有哪些?

6. 助翻勺的操作方法是什么?

7. 助翻勺的技术要领有哪些?

二、技能测试

① **考核目标**

通过考核助翻勺的知识,引导学生发现存在的不足,解决不足,从日常的课程中不断强化技能,强化职业素养。

② **考核内容**

考核内容以助翻勺教学重难点为主,以学生日常职业素养的养成为辅,通过两个方面的考核引导学生强化技能,培养学生正确的职业素养。

③ **考核标准**

序号	评分细则	总分	分值			得分
			优	良	差	
1	左手握炒勺,右手持手勺,手勺在炒勺的上方里侧,炒勺先向后轻拉,再迅速向前送出,手勺协助炒勺将原料推送至炒勺的前端,顺势将炒勺前端略翘,同时手勺推翻原料。最后炒勺快速向后拉回,使原料做一次翻转	30	30	20	10	
2	助翻勺原料翻转的数量70个为满分,少一个扣0.5分	30	30	20	10	
3	拇指扣住锅耳的左上侧,其余四指弯曲成半握拳状,顶住锅沿。四指张开托锅的扣10分,四指握拳的扣5分	10	10	7	3	
4	手布整洁、叠法正确。不整洁的扣5分,叠法不正确的扣5分	10	10	7	3	
5	工服整洁,上下衣、帽、领结、围裙、校牌齐全	10	10	7	3	
6	训练中炒锅(勺)、手勺的协调性	10	10	7	3	
	总分					

④ **考核方法**

教师讲解→示范操作→学生练习(分组或个人)→教师巡回指导→综合讲评。

任务五 晃勺

任务描述

晃勺又称转菜,是指将原料在炒勺内旋转的一种勺工技艺。晃勺可使原料在炒勺内受热均匀,防止粘锅;调整原料在炒勺内的位置,以保证翻勺或出菜装盘的顺利进行。

任务目标

学习理解晃勺的概念;认识晃勺在烹饪中的作用;掌握晃勺的操作方法;能够在实际操作中体现出晃勺的技术要领;培养手腕与手臂的灵活性。

任务实施

一、晃勺的作用

晃勺的应用较广泛,在用煎、贴、烧、扒等烹调方法制作菜肴时,以及在翻勺之前都可运用。此种方法单柄勺、双耳锅均可使用。

二、晃勺的操作方法

左手握住勺柄或锅耳,端平,通过手腕的转动,带动炒勺做顺时针或逆时针转动,使原料在炒勺内旋转。晃勺的操作方法见图 2-5-1。

| (a) | (b) | (c) |

图 2-5-1 晃勺的操作方法

三、晃勺的技术要领

晃动炒勺时,主要通过手腕的转动及小臂的摆动,加大炒勺内原料旋转的幅度,力量的大小要适中。力量过大,原料易转出炒勺外;力量不足,原料旋转不充分。

任务小结

晃勺时锅中原料必须有一定限量。如果原料过多,在锅中翻动的范围小,原料在锅中运动的距离较小,原料就难以达到晃动的速度,所以晃勺时原料不宜太多。

同步测试

扫码看答案

一、理论测试

1. 晃勺应用较广泛,在用_____、_____、_____、_____等烹调方法制作菜肴时,以及在翻勺之前都可运用。

2. 晃勺适用于_____、_____两种锅形。

3. 晃勺时左手握住勺柄或锅耳,端平,通过_____的转动,带动炒勺做_____或_____转动,使原料在炒勺内旋转。

4. 晃勺的作用有哪些?

5. 晃勺的操作方法是什么?

6. 晃勺的操作要领有哪些?

二、技能测试

❶ 考核目标

通过考核检测学生对于晃勺的掌握情况,并且培养学生手腕与手臂的灵活性,为技能提高与后期学习打下基础。

❷ 考核内容

本任务主要的考核内容围绕本任务教学重难点开展,主要考核学生对于晃勺的操作方法中的操作要领的掌握情况,以及学生日常职业素养。

❸ 考核标准

序号	评分细则	总分	分值			得分
			优	良	差	
1	左手握住勺柄或锅耳,端平,通过手腕的转动,带动炒勺做顺时针或逆时针转动,使原料在炒勺内旋转	30	30	20	10	
2	原料在炒勺内旋转30次为满分,少1次扣1分	30	30	20	10	
3	拇指扣住锅耳的左上侧,其余四指弯曲成半握拳状,顶住锅沿。四指张开托锅的扣10分,四指握拳的扣5分	20	20	13	7	
4	手布整洁、叠法正确。不整洁的扣5分,叠法不正确的扣5分	10	10	7	3	
5	工服整洁,上下衣、帽、领结、围裙、校牌齐全	10	10	7	3	
总分						

❹ 考核方法

教师讲解→示范操作→学生练习(分组或个人)→教师巡回指导→综合讲评。

任务六　转勺

任务描述

转勺又称转锅,是指转动炒勺的一种勺工技术。转勺与晃勺不同,晃勺是炒勺与原料一起转动,而转勺是炒勺转原料不转。通过转勺,可防止原料粘锅。

任务目标

学习理解转勺的概念;认识转勺在烹饪中的作用;掌握转勺的操作方法;能够在实际操作中体现出转勺的技术要领;培养手腕与手臂的灵活性。

任务实施

一、转勺的作用

主要用于烧等烹调方法菜肴的制作,单柄勺、双耳锅均可使用。

二、转勺的操作方法

左手握住勺柄,炒勺不离灶口,快速将炒勺向左或向右转动。

三、转勺的技术要领

手腕向左或向右转动时速度要快,否则原料会与炒勺一起转,起不到转勺的作用。转勺的操作方法见图 2-6-1。

(a)　　　　　　　　　　　　　　(b)

图 2-6-1　转勺的操作方法

任务小结

转勺在实际工作中多用于烹制汤汁较多且较黏稠的菜品,或是低油温炸制原料时,转勺的使用

25

扫码看答案

不仅减少了原料的粘锅现象,而且有效地保障了原料的完整性,使得菜品原料的次品率降低。

→ 同步测试

一、理论测试

1. 转勺又称为_____。
2. 转勺主要用于_____等烹调方法菜肴的制作,_____、_____均可使用。
3. 转勺时_____握住勺柄,炒勺不离灶口,快速将炒勺_____或_____转动。
4. 转勺时手腕向左或向右转动时_____,否则炒勺会与原料一起转,起不到转勺的作用。
5. 转勺的作用有哪些?
6. 转勺的操作方法是什么?
7. 转勺的技术要领有哪些?

二、技能测试

① 考核目标

通过考核让学生查漏补缺,加深对转勺操作方法的认识与应用,引导学生加强烹饪基本技能练习,为以后的烹饪工作打下基础。

② 考核内容

本任务的考核内容主要包括课堂教学中重难点知识的应用与日常职业素养养成两个方面。

③ 考核标准

序号	评 分 细 则	总分	分值			得分
			优	良	差	
1	左手握住勺柄,炒勺不离灶口,快速将炒勺向左或向右转动	35	35	25	15	
2	转动原料30圈为满分,少1圈扣除1分	35	35	25	15	
3	拇指扣住锅耳的左上侧,其余四指弯曲成半握拳状,顶住锅沿。四指张开托锅的扣10分,四指握拳的扣5分	10	10	7	3	
4	手布整洁、叠法正确。不整洁的扣5分,叠法不正确的扣5分	10	10	7	3	
5	工服整洁,上下衣、帽、领结、围裙、校牌齐全	10	10	7	3	
总分						

④ 考核方法

教师讲解→示范操作→学生练习(分组或个人)→教师巡回指导→综合讲评。

任务七 大翻勺

→ 任务描述

Note

大翻勺是指将炒勺内的原料,一次性做180°翻转的一种翻勺方法,因翻勺的动作及原料在勺中翻转的幅度较大,故称之为大翻勺。

学习理解大翻勺的概念;认识大翻勺在烹饪中的作用;掌握大翻勺的操作方法;能够在实际操作中体现出大翻勺的技术要领;培养身体协调性和视觉空间感。

![任务实施]

大翻勺技术难度较大,要求也比较高,不仅要使原料整个地翻转过来,而且翻转过来的原料要保持整齐、美观、不变形。大翻勺的手法较多,大致可分为前翻、后翻、左翻、右翻等几种,其主要是按翻勺的动作方向区分,基本动作大致相同,目的一样。

一、大翻勺的作用

大翻勺主要用于扒、煎、贴等烹调方法菜肴的制作。单柄勺、双耳锅均可使用大翻勺方法。

二、大翻勺的操作方法

左手握炒勺,先晃勺,调整好炒勺中原料的位置,略向后拉,随即向前送出,接着顺势上扬炒勺,将炒勺内的原料抛向炒勺的上空,在上扬的同时,炒勺向里勾拉,使离勺的原料呈弧形做180°翻转,原料下落时炒勺向上托起,顺势接住原料一同落下。大翻勺操作方法见图2-7-1。

(a)   (b)

(c)   (d)

图 2-7-1   大翻勺操作方法

27

三、大翻勺的技术要领

（1）晃勺时要适当调整原料的位置。若是整条的鱼,应鱼尾向前,鱼头向后;若原料形状为条状的,要顺条翻,不可横条翻,否则易使原料散乱。

（2）"拉、送、扬、翻、接"的动作要连贯协调、一气呵成。炒勺向后拉时,要带动原料向后移动,随即再向前送出,加大原料在勺中运行的距离,然后顺势上扬,利用腕力使炒勺略向里勾拉,使原料完全翻转。接原料时,手腕有一个向上托的动作,并与原料一起顺势下落,以缓冲原料与炒勺的碰撞,防止原料松散及汤汁四溅。

（3）大翻勺时除动作要求敏捷、准确、协调、衔接外,还要求做到炒勺光滑不涩。晃勺时可淋少量油,以增加润滑度。

 任务小结

使用大翻勺时不仅要用腕力,还要运用臂力,使锅中的菜肴腾空而起,超出锅口,使菜肴整体大翻转。讲究造型的菜肴大翻勺出锅装盘必须保持整齐、美观的原形,所以出锅时也有极高的要求,一般菜肴在锅内成熟后再晃动几下,锅边与盘子边缘对齐,边倒菜边往后拖锅,将菜肴拖入盘内。出锅动作要迅速、敏捷、干净利落。

 同步测试

扫码看答案

一、理论测试

1.大翻勺主要用于_____、_____、_____等烹调方法菜肴的制作。

2.大翻勺时呈弧形做_____翻转,原料下落时炒勺向上托起,顺势接住原料一同落下。

3.大翻勺时"_____、_____、_____、_____、_____"的动作要连贯协调、一气呵成。

4.大翻勺晃勺时要适当调整_____的位置,若是整条的鱼,应_____向前,_____向后,若形状为条状的,要_____翻,不可_____翻,否则易使原料散乱。

5.大翻勺除动作要求_____、_____、_____、_____外,还要求做到炒勺_____。

6.大翻勺晃勺时可淋_____,以增加润滑度。

7.大翻勺的作用有哪些?

8.大翻勺操作方法是什么?

9.大翻勺的技术要领有哪些?

二、技能测试

❶ 考核目标

通过技能考核的方式,加强学生对于大翻勺的理论知识与技能知识的内化吸收,强化技能知识,并且锻炼学生基本的身体协调能力,为学生的发展打下基础。

❷ 考核内容

本次的考核内容主要是针对本任务大翻勺重难点知识的考核与学生日常职业素养的养成两个方面,以促进学生技能与职业素养的发展。

❸ **考核标准**

序号	评 分 细 则	总分	分值			得分
			优	良	差	
1	左手握炒勺,先晃勺,调整好炒勺中原料的位置,略向后拉,随即向前送出,接着顺势上扬炒勺,将炒勺内的原料抛向炒勺的上空,在上扬的同时,炒勺向里勾拉,使离勺的原料,呈弧形做180°翻转,原料下落时炒勺向上托起,顺势接住原料一同落下	30	30	20	10	
2	大翻勺20个为满分,每少一个扣2分	30	30	20	10	
3	拇指扣住锅耳的左上侧,其余四指弯曲成半握拳状,顶住锅沿。四指张开托锅的扣10分,四指握拳的扣5分	10	10	7	3	
4	手布整洁、叠法正确。不整洁的扣5分,叠法不正确的扣5分	10	10	7	3	
5	工服整洁,上下衣、帽、领结、围裙、校牌齐全	10	10	7	3	
6	训练中炒锅(勺)、手勺的协调性	10	10	7	3	
总分						

❹ **考核方法**

教师讲解→示范操作→学生练习(分组或个人)→教师巡回指导→综合讲评。

刀具的种类、使用与保养

　　了解本项目知识是学习烹饪专业的前提,以安全指导生产。通过学习,掌握刀具、菜墩的安全使用、维护保养以及磨刀等入门操作技能。

项目目标

　　1. 知识目标:了解掌握刀具、菜墩的种类、用途、使用、维护等理论知识;了解磨刀石的种类及用途,掌握磨刀的操作要领。
　　2. 能力目标:具有选择刀具进行原料初加工的能力;具有刀具、菜墩维护保养的能力;具有磨刀的能力。
　　3. 职业目标:具有吃苦耐劳的能力;具有自信乐观的情感态度。

任务一　刀具的识别

任务描述

　　通过学习本任务,了解刀工的历史渊源,熟知厨房工作中所用刀具的用途,针对不同加工要求,灵活选择恰当的刀具。

任务目标

　　1. 熟知刀具的种类及用途。
　　2. 具备根据烹调要求选择恰当刀具的能力。
　　3. 具有安全意识、卫生意识,树立敬业爱岗的职业意识。
　　4. 培养学生养成良好的职业操作习惯。

任务实施

一、刀工的历史渊源

　　烹饪刀工是一门复杂的工艺,必须有一整套得心应手的工具。各种类型的刀具是烹饪刀工的主要工具。俗话说:"工欲善其事,必先利其器",儒家思想的创始人孔子也曾对烹饪刀工提出"食不厌精、脍不厌细"的要求。因此,刀工工具在原料加工过程中起着主导的作用,因为刀具的好坏,使用是否得当,都将关系到菜肴的外形和质量。随着历史的演变,勤劳聪慧的厨工经过不断地创造总结,形成了现代的刀法。

二、刀具的种类及用途

烹饪行业所使用的刀具种类繁多,各地刀具外形也不一致,但其用途是基本相似的。掌握刀具的种类和用途是刀工技术中很重要的基础知识。刀具的分类如下。

按照使用地域分:①圆头刀,主要在江浙一带使用较多;②方头刀,主要在四川、广东、广西等地使用较多;③马头刀,主要在山东、河北、北京、东北等地区使用较多。

按照刀具的制造工艺分:铁质包钢锻造刀和不锈钢刀。

按照刀具的用途分:片刀、切刀、砍刀、前切后斩刀、烤鸭片皮刀、羊肉片刀、馅刀、剪刀、镊子刀、刮刀、刻刀等。

（一）片刀（批刀）

❶ **性能** 重200～300克,刀身较薄、轻,材质一般选用不锈钢。应用范围较广,适宜于片、切（图3-1-1）。

图 3-1-1 片刀（批刀）

❷ **用途** 适宜批、切无骨的韧性原料,也适宜加工植物性原料。

（二）切刀

❶ **性能** 切刀的形状与片刀相似,刀身与片刀相比略宽、略重、略厚,长短适中（图3-1-2）。

图 3-1-2 切刀

❷ **用途** 既能用于切片、丝、条、丁、块,又能用于加工略带小骨或质地稍硬的原料,此刀应用较为普遍。

（三）砍刀（斩骨刀或劈刀）

❶ **性能** 砍刀刀身较厚,刀头、刀背重量较重,呈弓形。根据地方的特点,刀身有长一点的,也有短一点的（图3-1-3）。

❷ **用途** 主要用于加工带骨、带冰或质地坚硬的原料,如猪头、排骨、猪脚爪等。

图 3-1-3　砍刀

（四）前切后砍刀

❶ **性能**　前切后砍刀刀身大小与切刀相似,但刀的根部较切刀略厚,钢质如同砍刀,前半部分薄而锋利,近似切刀,重量一般在 750 克左右。既能切又能砍,又称为"文武刀"(图 3-1-4)。

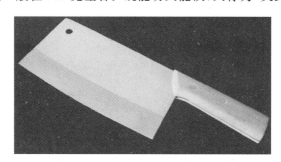

图 3-1-4　前切后砍刀

❷ **用途**　刀口锋面的中前端适宜批、切无骨的韧性原料,也适宜于加工植物性原料,后端适宜砍带骨的原料。

（五）烤鸭片皮刀

❶ **性能**　烤鸭片皮刀刀身比片刀略窄而短,重量轻,刀刃锋利(图 3-1-5)。

图 3-1-5　烤鸭片皮刀

❷ **用途**　片熟烤鸭皮。

（六）羊肉片刀

❶ **性能**　羊肉片刀重量较轻,刀身较薄,刀口锋利。特点是刀刃中部是弓形(图 3-1-6)。
❷ **用途**　片羊肉片。

（七）馅刀

❶ **性能**　馅刀刀身较长,刀背较厚,刀刃锋利(图 3-1-7)。
❷ **用途**　用于加工馅料,如青菜馅等。

（八）其他类刀

一般指刀身狭小,刀刃锋利,轻而灵活,外形各异且用途多样的刀。常用的其他类刀有以下几种:

32

图 3-1-6　羊肉片刀

图 3-1-7　馅刀

❶ **剪刀**　剪刀的形状与家用剪刀相似,实际上是刀工处理的辅助工具。多用于初加工,整理鱼、虾以及各种蔬菜等。

❷ **镊子刀**　镊子刀的前半部是刀,后半部是镊子,它是刀工初加工的附属工具。

❸ **刮刀**　刮刀体型较小,刀刃不锋利,多用于刮去砧板上的污物和家畜皮表面上的毛等污物,有时也用于去鱼鳞。

❹ **刻刀**　刻刀是用于食品雕刻的专用工具,种类很多,多因使用者习惯自行设计制作。

（九）西式刀具和日式刀具

随着对外开放,西餐和日式料理在我国也有较好的市场,其刀具也各具特色。

❶ **西式刀具**　西式刀具品种较多。常见的有西式厨刀、比萨刀、面包刀、屠夫刀、磨刀棍、切片刀、钓鱼刀、鱼片刀等。

❷ **日式刀具**　在日本,菜刀又被称之为包丁,有薄刃包丁、刺身包丁(生鱼片刀)、出刃包丁之分。

 任务小结

本任务介绍了刀工的历史渊源,主要讲述了刀具的种类及每种刀具的功能用途,同学们在今后的学习实践中应认真体会、熟练应用。

同步测试

1. _____,主要在江浙一带使用较多。

世界知名刀具品牌

扫码看答案

2._____,主要在四川、广东、广西等地使用较多。

3._____,主要在山东、河北、北京、东北等地区使用较多。

4.按照刀具的制造工艺,刀具可分为_____和_____。

5.前切后砍刀又称为_____。

6.按地域的不同,刀具的分类如何?

7.片刀的用途有哪些?

8.前切后砍刀的用途有哪些?

任务二 磨刀

任务描述

通过学习本任务,在厨房工作中熟练运用磨刀知识,实施磨刀工作。

任务目标

1.了解磨刀的工具;熟知磨刀的方法。

2.具备磨刀的能力及刀具保养能力。

3.具有安全意识、卫生意识,树立敬业爱岗的职业意识。

4.培养学生养成良好的职业操作习惯。

任务实施

"工欲善其事,必先利其器",要想有好的刀工,就必须有上好利器。刀工中的刀具,要保持锋利不钝、光亮不锈、不变形,必须通过磨刀这一过程来实现。俗话说"三分手艺七分刀",厨刀是厨师的脸面,磨刀是我们必备的基本功。

一、磨刀的工具

磨刀的工具是磨刀石。常用的有粗磨刀石、细磨刀石、油石和刀砖四种。粗磨刀石的主要成分是天然糙石,质地粗糙,多用于新开刃或有缺口的刀;细磨刀石的主要成分是青沙,质地坚实、细腻,容易将刀磨锋利,刀面磨光亮,不易损伤口口,应用较多;油石是人工合成的磨刀石,窄而长,质地结实,携带方便;刀砖是砖窑烧制而成的,质地极为细腻,是刀刃上锋佳品。磨刀时,一般先在粗磨刀石上将刀磨出锋口,再在细磨刀石上将刀磨快,最后在刀砖上上锋,这样的磨刀方法,既能缩短磨刀时间,又能提高刀刃的锋利程度和延长刀的使用寿命。

二、磨刀的步骤和方法

❶ **磨刀前的准备工作** 磨刀前先要将刀上的油垢清除干净,再把磨刀石放置在高度约 90 厘米的平台上(固定为佳),以前面略低、后面略高为宜。备一盆凉水(图 3-2-1)。

❷ **磨刀时的站立姿势及手部姿势** 磨刀时,两脚自然分开,或一前一后站稳,胸部略微前倾,一手持好刀柄,一手按住刀面的前段,刀口向外,平放在磨刀石面上,刀刃与磨刀石的夹角以 3°~5° 为宜(图 3-2-2)。

❸ **磨刀时的手法** 将磨刀石(砖)浸湿,然后在刀面上淋水,将后部略翘起,前推后拉(一般沿磨

图 3-2-1　准备工作

图 3-2-2　手部姿势

刀石的对角线运行），用力要均匀，看到石面起浆时再淋上水。刀的两面及前后中部都要轮流均匀磨到，两面磨的次数基本相等，使刀刃平直、锋利、不变形。磨刀石应保持中部高，两端低（图 3-2-3）。

图 3-2-3　手法

❹ **刀锋的检查**　磨完后将刀洗净擦干，然后将刀刃朝上，迎着光线观察，如果刀刃上看不见白色的光斑，表示刀已磨好；也可用大拇指在刀面上推拉一下。如有涩的感觉，表明刀口锋利，反之，说明还要继续磨（图 3-2-4）。

图 3-2-4　刀锋的检查

35

三、刀具的一般保养方法

刀具使用后的保养是延长刀具使用寿命,确保刀工质量的重要手段。刀具保养时应做到以下几点。

(1)用刀后必须用洁布擦干刀身两面的水分。特别是切咸味、酸味或带有黏性的原料,如咸菜、藕、酸菜等原料,切后黏附在刀两侧的鞣酸,容易氧化而使刀面发黑,而且盐渍对刀具有腐蚀性,故刀具用完后必须用清水洗净擦干。

(2)刀具使用之后,必须固定插在刀架上,或放入刀箱内分别放置,不可碰撞硬物,以免损伤刀刃,影响操作。

(3)遇到气候潮湿的季节,刀具用完之后,擦干水,再在刀身两面涂抹一层干淀粉或涂上一层植物油,以防生锈或腐蚀失去光泽和锋利。

厨房工具
规范使用
的重要性

扫码看答案

> **任务小结**

本任务介绍了磨刀的工具,主要讲述了磨刀的方法及刀具的保养方法,此任务在厨房工作中应用性强,请同学们认真学习,每次学习工作前都应该打磨刀具,学习工作结束后保养好所用刀具,能使刀具持久耐用。

> **同步测试**

1. 常用的磨刀石有_____、_____、油石和刀砖四种。
2. 磨刀时,磨刀石放置在高度约_____厘米的平台上为佳。
3. 简述磨刀的步骤。
4. 刀具的保养方法是什么?

任务三 砧板的选择与保养

> **任务描述**

通过学习本任务,熟知切配岗位砧板的选择、使用与保养。

> **任务目标**

1. 了解砧板的选择。
2. 具备砧板的保养能力。
3. 具有安全意识、卫生意识,树立敬业爱岗的职业意识。
4. 培养学生养成良好的职业操作习惯。

> **任务实施**

一、砧板的选择

砧板属于切割枕器。砧板又称菜墩、砧墩、剁墩,是对原料进行刀工操作时的衬垫工具。砧板的种类繁多,按砧板的材料分为天然木质砧板、塑料制品砧板、木质塑料复合砧板三类(图 3-3-1 至图 3-3-3),并有大、中、小多种规格。

图 3-3-1　天然木质砧板

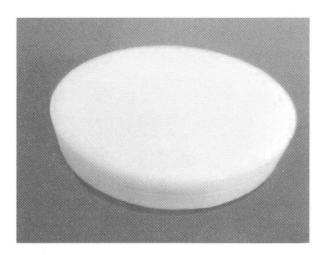

图 3-3-2　塑料制品砧板

图 3-3-3　木质塑料复合砧板

砧板一般都选择木质材料,要求树木无异味,质地坚实,木纹紧密,密度适中,树皮完整,无结疤,树心不空、不烂,砧板截面的颜色应呈青色,均匀,没有花斑。可选用银杏树(白果树)、橄榄树、红柳树、青冈树、樱桃树、皂角树、枫树、栗树、楠树、铁树、榉树、枣树等木材,以横截断或纵截面制成。常见的有橡树木、橄榄木、柳木、榆木等。优质的砧板具备抗菌效果好,经久耐用的特点。菜墩的尺寸以高 20~25 厘米,直径 35~45 厘米为宜。

二、砧板的使用

使用木质砧板时,应在砧板的整个平面均匀使用,保持砧板磨损均衡,防止砧板凹凸不平,影响刀法的施展,因为墩面凹凸不平,切割时原料不易被切断;墩面也不可留有油污,如留有油污,在加工原料时容易滑动,既不好掌握刀距,又易伤害自身,同时,也影响卫生。

三、砧板的保养

新购买的木质砧板最好放入盐水中浸泡数小时或放入锅内加热煮透,使木质收缩,组织细密,以免其干裂变形,达到结实耐用的目的。树皮损坏时要用金属加固,防止干裂。砧板使用之后,要用清水或碱水洗刷,刮净油污,立于阴凉通风处,用洁布或砧板罩罩好,防止砧板发霉、变质。每隔一段时间后,还要用水浸泡数小时,使砧板保持一定的湿度,以防干裂,同时切忌在太阳下暴晒,造成开裂。砧板还需要定期高温消毒。

砧板的保养流程:用热水烫洗砧板(图 3-3-4)、用刷子刮洗砧板(图 3-3-5)、用盐水浸泡砧板(图 3-3-6)、用热油浇制砧板(图 3-3-7)、用清水冲洗砧板(图 3-3-8)。

图 3-3-4　砧板的保养流程一

图 3-3-5　砧板的保养流程二

图 3-3-6　砧板的保养流程三

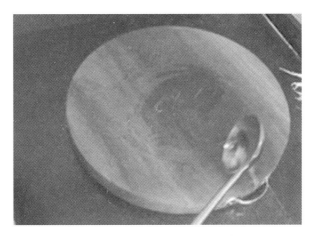

图 3-3-7　砧板的保养流程四

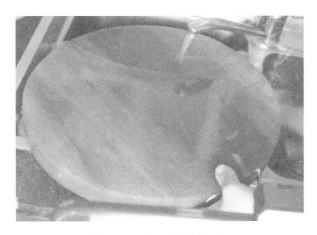

图 3-3-8　砧板的保养流程五

→ 任务小结

　　本任务主要介绍了砧板的选择及砧板的使用,主要讲述了砧板的保养方法,请同学们认真学习领会。

扫码看答案

同步测试

1. _____又称菜墩、砧墩、剁墩,是对原料进行刀工操作时的衬垫工具。
2. 砧板按材料分为_____、_____、木质塑料复合砧板三类。
3. 砧板的分类有哪些?
4. 砧板的保养方法有哪些?

任务四 刀工操作姿势与要求

任务描述

在进行刀工处理时,只有按照一定的操作规范才能将烹饪原料加工成符合烹调要求的形状,同时保护操作者在工作时身体不受伤害,最大限度地减轻疲劳,提高工作效率。本任务主要介绍刀工操作前的准备、操作过程中的动作操作规范。

任务导入

小明是一位在中职学校学习烹饪专业的学生,学习认真刻苦。在上刀工练习课时,很激动、学习兴趣很高,只想着怎么切,没有太注意老师的讲解和示范,每切一回就腰酸背疼,握刀的手酸困并把手也切破了。这是什么原因呢? 主要是因为站案的姿势、握刀的方法不正确导致的。在老师的指导下,及时纠正了错误的操作姿势。通过这件事,小明认识到,学厨师练刀工,不是随意想怎么练都可以的,必须严格按照操作规范操作才行。小明认识到存在的问题后,纠正并改正错误,更认真刻苦地练习,打下了扎实的基本功。在进行刀工处理时,只有按照一定的操作规范操作,才能将烹饪原料加工成符合烹调要求的形状,同时保护操作者在工作时身体不受伤害,最大限度地减轻疲劳,提高工作效率。

任务目标

1. 了解刀工操作姿势的重要性。
2. 掌握站案的姿势。
3. 掌握握刀的方法。

任务实施

一、刀工前准备

刀工前准备指刀工加工前对刀案位置的调整、应用工具的摆放和卫生准备。

（一）刀案位置的调整

刀案位置指刀工的操作台(案)摆放的位置,应以宽松、无人碰撞为度。操作台(案)应有调节高度装置,可随操作者的身高、菜墩的高度调节,一般以腰高为宜。

（二）应用工具的摆放

一般用于刀工加工的工具有刀、菜墩（菜板）、洁布、杂料器皿、净料器皿等，其摆放在操作台（案）上以方便、整洁、安全为度。刀放在菜墩的正中央，刀口朝外，如图 3-4-1 所示。不能将刀头或刀根扎在菜墩上，如图 3-4-2 所示。

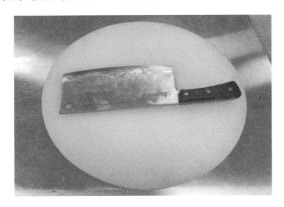

图 3-4-1 刀具的正确摆放

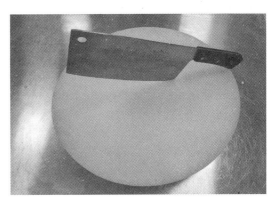

图 3-4-2 刀具的错误摆放

（三）卫生准备

刀工加工前应对手、加工的原料进行清洗，菜墩刮洗干净，其他用具洗净（刀工练习可不消毒），可戴手套、口罩训练，案面与地面应保持清洁，养成良好的卫生习惯。

二、刀工操作中的姿势

（一）站案姿势

切料时，双脚自然分开，呈丁字形，行业中俗称"钉子步"，呈稍息姿势，人体重心在右脚。右手握刀，放于菜墩或操作台（案）上，与操作台（案）平行，身体偏斜，与右小臂成 45°角，握刀右手与左脚平行。挺腰收腹，不要弯腰曲背，目光正视刀口，颈自然微曲，身体与菜墩保持一拳的距离，不要靠在操作台（案）上，如图 3-4-3、图 3-4-4 所示。

图 3-4-3 钉子步

图 3-4-4 站案姿势

（二）握刀的方法

握刀的方法根据操作者刀工熟练程度与切法的不同有以下几种。

❶ **方法一** 手心紧贴刀柄，小指与无名指曲起紧捏刀柄，中指曲起握住刀箍，食指掌骨按住刀背，食指前端与拇指相对捏住刀身。这种握刀姿势是常见的一种姿势，握刀稳，手腕灵活，切割速度

快,如图 3-4-5 所示。

❷ **方法二**　在第一种姿势的基础上,手掌前移,中指辅助食指前端与拇指相对捏住刀身。这种握刀姿势握刀更稳,但手腕相对不灵活,切割速度也较慢。对初学者、握刀不稳的同学也是一种可取的练习方法,如图 3-4-6 所示。

图 3-4-5　握刀方法一

图 3-4-6　握刀方法二

❸ **方法三**　在第二种姿势的基础上,食指伸直压在刀背上,中指与拇指相对捏住刀身。这种握刀姿势下刀较稳,一般适合于刀法纯熟的操作者,如图 3-4-7 所示。

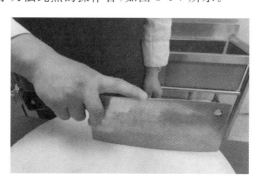

图 3-4-7　握刀方法三

▷ **任务小结**

本任务主要介绍了刀工练习前操作台(案)摆放、操作台(案)高度的标准,刀工练习中应用工具的摆放及卫生要求;刀工练习中站案的姿势和握刀的方法。通过本任务的学习,有利于同学们养成良好的刀工操作习惯,有助于打下扎实的基本功。

▷ **同步测试**

扫码看答案

一、理论测试

1. 刀工的操作台(案)摆放位置,应以_____、_____为度,操作台(案)应有调节高度装置,可随操作者的_____、_____进行调节,一般以_____为宜。

2. 刀工加工的工具有刀、_____、_____、_____、_____等,其摆放在操作台上以_____为度。刀放在菜墩的_____,_____。不能将_____扎在菜墩上。

3. 刀工前应对手、加工的原料_____,菜墩_____,其他用具_____,可戴手套、口罩训练,案面与地面应_____,养成良好的卫生习惯。

4. 刀工的含义是什么?

5. 简述刀工的作用和基本要求。

6. 刀工操作时站案的姿势是怎样的？

7. 简述刀工操作中握刀的方法。

8. 刀工操作中为什么要有正确的站案姿势和握刀方法？

二、技能测试

① 考核目标

通过考核站案姿势、握刀方法的知识，引导学生发现存在的不足，解决不足，从日常的课程中不断强化技能，培养职业素养。

② 考核内容

考核内容以站案姿势、握刀方法等教学重难点为主，以学生日常职业素养的养成为辅，通过两个方面的考核引导学生强化技能，培养正确的职业素养。

③ 考核标准

序号	评 分 细 则	总分	分值			得分
			优	良	差	
1	刀工在操作时，各种工具是否齐全、卫生，摆放是否整齐	10	10	7	3	
2	刀的摆放是否正确	10	10	7	3	
3	站案的姿势是否符合要求。如身体站立姿态、左右脚的站立位置、是否弯腰曲背、目光的视向、身体与菜墩的距离等	30	30	20	10	
4	握刀方法是否准确	30	30	20	10	
5	工服整洁，上下衣、帽、领结、围裙、校牌齐全	10	10	7	3	
6	个人卫生（头发、指甲）	10	10	7	3	
总分						

直刀法的要求与指导

项目描述

　　直刀法是指切原料时刀刃与菜墩（砧板）或原料接触面成直角的一类刀法。大多数烹饪原料一般较大，不便于成熟、入味、食用，只有将烹饪原料加工成一定的形状，才能满足烹调要求。由于烹饪原料的性质不同，在加工过程中所采用的刀法不同，因此直刀法可分为切、剁、劈（砍）等。下面主要针对初学者指导直切、推切、拉切、推拉切、滚料切、剁、劈的练习。

项目目标

　　1. 了解直切、推切、拉切、推拉切、滚料切、剁、劈等技法的含义。
　　2. 掌握直切、推切、拉切、推拉切、滚料切、剁、劈等技法的适用范围、操作方法和技术要领。
　　3. 能将动植物性原料切割成片、丝、丁、条、块、段等符合烹调要求的形状。
　　4. 能将家畜肉、鸡、鱼、虾等动物性原料制成茸或馅。
　　5. 能将豆腐、山药等植物性原料制成泥。

操作视频

任务一 直切

任务描述

　　直切是最常用的一种基础刀法，推切、拉切、推拉切、滚料切等都以直切为基础。本任务主要介绍直切的方法、适用的原料、操作要领及训练方法。

任务目标

　　1. 了解直切技法的含义。
　　2. 掌握直切技法的适用范围、操作方法及技术要领。
　　3. 能熟练地用直切法将植物性原料切割成符合烹调要求的形状。

任务实施

一、直切的方法

　　直切是指切割原料时，刀对准原料要切割的部位，用力垂直向下切断原料的方法。在切割时按稳原料不滑动,刀左右不摆动,前后不推拉切割原料。当动作熟练,切割速度快时,好像刀在跳动,因此直切又被称为"跳切"。

二、适用的原料

直切技法通常适用于质地脆嫩的植物性原料,如土豆、萝卜、胡萝卜、青笋、莲白等。

三、操作要领

❶ **左手的操作要领**　左手自然弯曲呈弓形,中指第一关节抵住刀身,根据原料的规格轻轻按稳原料,呈蟹爬姿势不断向后移动。这种移动是一种连续而有节奏的间歇式移动,每次移动的间隔距离应与原料成型的规格标准一致。

❷ **右手的操作要领**　右手握刀要稳,刀身贴紧左手中指第一关节,随着左手的移动,按需要加工原料形状的规格移动,利用手腕的力量,稍带小臂的力量垂直切下去,刀在切割的时候刀刃不超过左手中指的第一个关节,刀身与菜墩始终保持垂直,不能偏斜。

❸ **左右手的配合**　左右手必须默契而有节奏地配合。左手移动一定距离,右手则持刀跟进相应距离切一刀。左手移动,右手持刀不跟进,切出的形状不整齐、不均匀,也练不好刀工;左手不移动,右手持刀跟进,容易切伤手。总之,左手持料要稳,右手落刀要准,两手配合紧密而有节奏,如图4-1-1 至图4-1-3 所示。

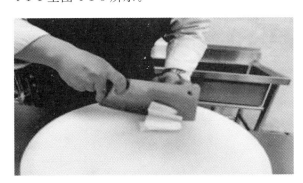

图 4-1-1　直切萝卜片

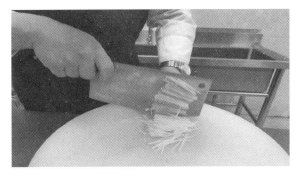

图 4-1-2　直切萝卜丝

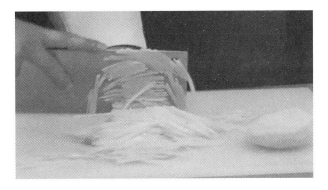

图 4-1-3　直切土豆丝

四、训练方法

训练方法可分为两步。

❶ **第一步:熟悉刀"性"**　对于初学者,用土豆或萝卜,将原料按照操作要领先切成片,再切成丝,再将丝切成末,主要训练基本操作方法。

❷ **第二步:成品加工**　掌握基本操作方法后,就可以根据原料成型与规格要求,切出丁、片、丝、

条、块等多种形状。在保证原料成型与规格要求的前提下,逐步加快刀速,最终做到稳、快、准、精、巧的刀法技能。

扫码看答案

任务小结

本任务主要介绍了直切的含义,直切适用的原料、操作要领及训练方法。它是切割原料的基础刀法,只有熟练地掌握这种刀法,才能更好地学习其他刀法。

同步测试

一、理论测试

1. 烹饪原料在切割过程中直刀法有_____、_____、_____等方法。

2. 烹饪原料在切割中切的方法有_____、_____、_____、_____、_____、_____、_____等。

3. 直切通常适用于_____的植物性原料,如_____、_____、_____、_____等。

4. 直切要求刀身与菜墩_____,不能_____。

5. 名词解释:直刀法、直切。

6. 直切的操作方法有哪些?

7. 直切的操作要领有哪些?

二、技能测试

① 考核目标

通过对直切的学习,引导学生发现存在的不足,解决不足,从日常的课程中不断强化技能,培养职业素养。

② 考核内容

考核内容以直切教学重难点为主,以学生日常职业素养的养成为辅,通过两个方面的考核引导学生强化技能,培养正确的职业素养。

③ 考核标准

序号	评分细则	总分	分值			得分
			优	良	差	
1	在操作时,各种工具是否齐全、卫生,摆放是否整齐	5	5	3	1	
2	菜刀是否锋利,原料是否清洁	5	5	3	1	
3	操作姿势是否规范。如站案姿态、握刀方法、是否弯腰曲背、左右手的配合、刀法是否熟练等	20	20	13	7	
4	成品是否符合标准。形状薄厚是否均匀,粗细是否一致,长短是否相等	30	30	20	10	
5	出品率。正常出品率为90%,每多损耗5%扣2分,扣完该分值可从总分中扣除	10	10	7	3	
6	完成任务的速度。每超过2分钟扣1分,扣完该项分值可从总分中扣除	10	10	7	3	
7	工服整洁,上下衣、帽、领结、围裙、校牌齐全	10	10	7	3	
8	个人卫生(头发、指甲)	10	10	7	3	
	总分					

Note

操作视频

任务二　推切

任务描述

推切是以直切为基础的一种刀法。本任务主要介绍推切的方法、适用的原料、操作要领及训练方法。

任务目标

1. 了解推切技法的含义。
2. 掌握推切技法的适用范围、操作方法及技术要领。
3. 能熟练地用推切技法将动植物性原料切割成符合烹调要求的形状。

任务实施

一、推切的方法

推切是运用推刀切割原料的方法，其刀刃垂直向下，斜向前运刀切割原料。推切时要求着力点在刀的中后部，一刀切断原料。

二、适用的原料

推切通常适用于细嫩、易碎、有韧性的原料，如里脊肉、羊肉、牛肉、鸡肉、肝等；当然适用于直切的原料也同样适用于推切。

三、操作要领

❶ **左手的操作要领**　左手持料的方法与直切相同。

❷ **右手的操作要领**　右手握刀要稳，刀身贴紧左手中指第一关节，从刀前三分之一处切入原料，同时顺势推至刀刃后部时刀刃与砧板垂直吻合，一刀推到底，不需要再拉回来。

❸ **其他**　推切时根据原料的质感做到进刀轻柔有力，下切刚劲，质嫩的原料下刀要轻，韧性较强的原料进刀速度宜缓，如图 4-2-1 所示。

图 4-2-1　推切肉片

四、训练方法

（1）将里脊肉用推切技法切成厚薄均匀、大小一致、互不粘连的片。

（2）用推切技法将猪肝切成柳叶片。猪肝质地较嫩，注意下刀的力量，薄厚均匀，避免原料散烂。

任务小结

本任务主要介绍了推切的含义，适用的原料，操作要领及训练方法。它是切割韧性原料的基本方法，只有熟练地掌握这种刀法，才能更好地切割出符合烹调要求的形状。

同步测试

扫码看答案

一、理论测试

1．推切通常适用于_____、_____、_____的原料，如_____、_____、_____、_____、_____等。

2．在原料切割时，左手持料，手指_____，中指_____抵住刀身。

3．推切的含义及操作方法是什么？

4．推切的操作要领有哪些？

二、技能测试

① 考核目标

通过推切技法的学习，引导学生发现存在的不足，解决不足，从日常的课程中不断强化技能，培养职业素养。

② 考核内容

考核内容以推切教学重难点为主，以学生日常职业素养的养成为辅，通过两个方面的考核引导学生强化技能，培养正确的职业素养。

③ 考核标准

同本项目任务一。

任务三　拉切

任务描述

拉切又称"拖刀切"，是以直切为基础的一种刀法，适用于体积薄小、质地细嫩而易裂的原料。本任务主要介绍拉切的方法、适用的原料、操作要领及训练方法。

任务目标

1．了解拉切技法的含义。

2．掌握拉切技法的适用范围、操作方法及技术要领。

3．能熟练地用拉切技法将动植物性原料切割成符合烹调要求的形状。

任务实施

一、拉切的方法

拉切是指刀刃与原料、菜墩垂直,运刀方向由斜向后运刀切割原料的方法。拉切时刀刃不是平着拉,而是刀前端略低,刀后跟略高,有一定的倾斜度,要求着力点在刀的中前部,由前端向后端拉切原料。刀运行的方向、用力的方向与推切相反,在切动物性原料时,刀前端略高,用腕力将刀刃剁入原料,再向后拉以切断原料,又称为剁拉切。这样切肉片、鸡丝速度快,但技术难度大,不易掌握;在冷盘拼摆中切植物性的薄而略窄的片,如翅尾片、长方片,用拉切的方法速度快,切的片薄厚均匀,排列整齐,易于拼摆,是拉切技法的最佳运用。

二、适用的原料

拉切通常适用于体积薄小、质地细嫩而易裂的原料如鸡脯肉、里脊肉、海带、千张等。

三、操作要领

❶ **左手的操作要领**　左手持料的方法与推切相同。

❷ **右手的操作要领**　右手握刀要稳,刀身贴紧左手中指第一关节,从刀后三分之一处切入原料,同时顺势向后拉至刀刃前部分时刀刃与砧板垂直吻合,一刀拉到底不需要再推回来。

❸ **其他**　拉切进刀时先用刀前端微推切一下,再顺势向刀后方一拉到底,"虚推实拉",刀刃与砧板垂直吻合,保证原料切断不连刀,如图 4-3-1 所示。

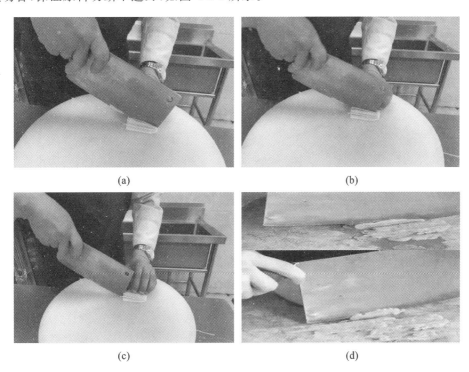

图 4-3-1　拉切

四、训练方法

(1)完整的榨菜先拉切成片后码整齐,再拉切成丝。

（2）将萝卜切翅尾片、长方片。

→ 任务小结

本任务主要介绍了拉切的含义、适用的原料、操作要领及训练方法。它是切割韧性原料及将脆性原料切成薄而窄、较长形状的基本方法。熟练地掌握这种刀法，才能在切割动物性原料、冷盘拼摆中游刃有余。

→ 同步测试

一、理论测试

1. 拉切时刀运行的方向、用力的方向与 _____ 相反，在切动物性原料时，刀前端 _____，用腕力将 _____ 原料，再向后拉以切断原料，又称为 _____。

2. 拉切通常适用于 _____、_____ 而 _____ 的原料，如 _____、_____、_____、_____ 等。

3. 名词解释：拉切。

4. 拉切的操作要领有哪些？

二、技能测试

❶ 考核目标

通过拉切的知识，引导学生发现存在的不足，解决不足，从日常的课程中不断强化技能，培养职业素养。

❷ 考核内容

考核内容以拉切教学重难点为主，以学生日常职业素养的养成为辅，通过两个方面的考核引导学生强化技能，培养正确的职业素养。

❸ 考核标准

同本项目任务一。

任务四 推拉切

→ 任务描述

推拉切又称"锯切"，是运刀方向为前后推拉的切法，适用于质地坚韧、松软易碎、卤肉制品等原料。本任务主要介绍推拉切的方法、适用的原料、操作要领及训练方法。

→ 任务目标

1. 了解推拉切技法的含义。

2. 掌握推拉切技法的适用范围、操作方法及技术要领。

3. 能熟练地用推拉切技法将动植物性原料切割成符合烹调要求的形状。

任务实施

一、推拉切的方法

推拉切是指刀刃与原料或菜墩垂直,运刀方向为前后来回推拉的切法。将推切和拉切的动作要领结合起来就形成了推拉切,切原料时先将刀向前推切,推到刀刃的三分之二处再向后拉,来回反复像拉锯子一样将原料切断。

二、适用的原料

推拉切一般用于肉质较厚、无骨而有韧性的原料或将质地松软的原料切成较薄的片形。推拉切通常适用于带筋膜的瘦肉、熟五花肉、卤牛肉、午餐肉、火腿、面包片等。

三、操作要领

❶ **左手的操作要领** 左手持料的方法与推切相同。推拉切时刀前后运动幅度较大,同时要按稳原料不滑动,避免原料切得不符合菜品标准。

❷ **右手的操作要领** 右手握刀要稳,刀身贴紧左手中指第一关节,右手灵活运用腕力结合推切和拉切的基本要领来练习推拉切。

❸ **其他** 推拉切时,下刀要准,否则原料形状、薄厚、大小不一;下刀宜缓,不能太快,以增加刀与原料的摩擦力,减少刀与原料下压的重力。如下刀过重有些原料容易散烂;特别容易碎、散烂的原料切时可适当增加厚度,以保证原料的完整。如图 4-4-1、图 4-4-2 所示。

图 4-4-1 切面包片(推拉切)

图 4-4-2 切酱牛肉(推拉切)

四、训练方法

用推拉切技法将煮熟的五花肉或卤制的牛肉,均匀运刀,切成薄厚均匀的片,防止原料在切的过程中散烂。

 任务小结

本任务主要介绍了推拉切的含义,适用的原料,操作要领及训练方法。它是切割熟的动物性原料(如酱牛肉、五花肉、午餐肉等)、松散易碎的原料(如面包片)时的刀法,是菜肴切配中很重要的一种刀法。

扫码看答案

同步测试

一、理论测试

1. 推拉切是_____和_____相结合的一种刀法。

2. 推拉切一般用于_____、_____而有_____的原料或质地_____的原料切成_____的片形。推拉切通常适用于_____、_____、_____、_____、_____、_____等。

3. 推拉切又称为_____。

4. 推拉切的含义及操作方法是什么？

5. 推拉切的操作要领有哪些？

二、技能测试

❶ 考核目标

通过推拉切的知识,引导学生发现存在的不足,解决不足,从日常的课程中不断强化技能,培养职业素养。

❷ 考核内容

考核内容以推拉切教学重难点为主,以学生日常职业素养的养成为辅,通过两个方面的考核引导学生强化技能,培养正确的职业素养。

❸ 考核标准

同本项目任务一。

任务五 滚料切

操作视频

任务描述

本任务主要介绍在直切的基础上将圆柱形原料边滚动边切的方法、适用的原料、操作要领及训练方法。

任务目标

1. 了解滚料切技法的含义。
2. 掌握滚料切技法的适用范围、操作方法及技术要领。
3. 能熟练地用滚料切技法将植物性原料切割成符合烹调要求的形状。

任务实施

一、滚料切的方法

滚料切,是指刀刃与原料或菜墩(砧板)垂直,掌握好刀与原料的角度,一边下刀一边将原料相应滚动,每滚动一下就直切或推切一刀,切好的原料呈三面的块状,也叫滚料三角块。

二、适用的原料

滚料切适用于质地脆嫩、体积较小的圆柱形或近似圆柱形的植物性原料,如胡萝卜、青笋、黄瓜、嫩竹笋、山药等。

三、操作要领

❶ **左手的操作要领** 左手按稳原料不让原料随意滚动,刀与原料保持稳定的角度,用中指第一关节抵住刀面,原料每次滚动的角度应一致。

❷ **右手的操作要领** 右手握刀要稳,下刀的角度及运刀速度与原料滚动紧密配合,双手动作协调,下刀准确,角度小则原料成型长度长,反之则短,如图 4-5-1、图 4-5-2 所示。

图 4-5-1 滚料切黄瓜

图 4-5-2 滚料切胡萝卜

四、训练方法

用滚料切的技法将黄瓜,运用双手协调配合切成大小均匀、形状一致的滚料块。

▶ **任务小结**

本任务主要介绍了滚料切的含义,适用的原料,操作要领及训练方法。它是将圆柱形或近似圆柱形原料切割成块的一种刀法。在直切的基础上,掌握好原料滚动时刀与原料的角度就很容易掌握这种刀法。

▶ **同步测试**

扫码看答案

一、理论测试

1. 滚料切是_____和_____相结合的一种刀法。
2. 滚料切适用于_____、_____或_____的植物性原料,如_____、_____、_____、_____、_____等。
3. 滚料切的含义及操作方法是什么?
4. 滚料切的操作要领有哪些?

二、技能测试

❶ **考核目标**

通过滚料切的知识,引导学生发现存在的不足,解决不足,从日常的课程中不断强化技能,培养职业素养。

❷ **考核内容**

考核内容以滚料切教学重难点为主,以学生日常职业素养的养成为辅,通过两个方面的考核引导学生强化技能,培养正确的职业素养。

❸ **考核标准**

同本项目任务一。

操作视频

任务六 剁

▶ **任务描述**

剁是在直切的基础上快速地将无骨原料和部分植物性原料加工成泥、蓉的刀法。一把刀操作叫"单刀剁";为加快工作效率左右手各持一把刀操作叫"双刀剁"。本任务主要介绍剁的方法、适用的原料、操作要领及训练方法。

▶ **任务目标**

1. 了解剁技法的含义。
2. 掌握剁技法的适用范围、操作方法及技术要领。
3. 能熟练地用剁技法将动植物性原料切割成符合烹调要求的形状。

▶ **任务实施**

一、剁的方法

剁又称为斩、排,是将无骨的原料加工成泥、蓉的一种刀法,有单刀剁和双刀剁两种方法。

❶ **单刀剁** 又称直剁,刀刃与砧板原料保持垂直运动,剁的时候刀要高过原料,刀口垂直向下反复剁碎原料,如图 4-6-1 所示。

❷ **双刀剁** 又称排剁,为了提高工作效率,双手持刀,左右手配合要灵活,刀的起落要有节奏感,反复剁碎原料,如图 4-6-2、图 4-6-3 所示。

图 4-6-1 单刀剁肉馅

图 4-6-2 双刀剁肉馅

二、适用的原料

剁适用于无骨的动物性原料和部分蔬菜。如韧性原料猪肉、牛肉、羊肉、鸡脯肉、大虾等,脆性原

图 4-6-3　双刀剁木耳

料如白菜、木耳、葱、姜、大蒜等。

三、操作要领

剁的速度和力量要均匀,从左到右移动。双刀剁时双手持刀,两刀保持一定距离。大块的动物性原料可以先切片、丝、条再剁。勤翻原料,防止原料粘刀、飞溅,可以把刀在清水中浸湿再剁。剁的时候注意力量,力量太大刀会剁入砧板,力量太小原料剁不断。

四、训练方法

用双刀剁技法将 50 克大蒜,用刀拍碎后,双手持刀将其剁成蒜末。

▶ 任务小结

本任务主要介绍了剁的含义,适用的原料,操作要领及训练方法。它主要用于制泥、蓉或制馅,虽然现在机械粉碎制馅普遍使用,但与手工剁馅风味上还是有差异的,作为烹饪专业的学生也要掌握这种刀法。

▶ 同步测试

扫码看答案

一、理论测试

1. 剁又称为_____、_____,其方法有_____和_____两种。
2. 剁适用于_____的动物性原料和_____。如韧性原料_____、_____、_____、_____、大虾等,脆性原料如_____、_____、_____、姜、大蒜等。
3. 名词解释:剁。
4. 剁的操作方法有哪些?
5. 剁的操作要领有哪些?

二、技能测试

❶ 考核目标

通过剁技法的知识,引导学生发现存在的不足,解决不足,从日常的课程中不断强化技能,培养职业素养。

2 考核内容

考核内容以刹的技法教学重难点为主,以学生日常职业素养的养成为辅,通过两个方面的考核引导学生强化技能,培养正确的职业素养。

3 考核标准

同本项目任务一。

操作视频

任务七 劈

▷ 任务描述

劈又称"砍",在直刀法中砍的动作幅度、力量最大,本任务主要介绍砍的三种方法、适用的原料、操作要领及训练方法。

▷ 任务目标

1. 了解劈技法的含义。
2. 掌握劈技法的适用范围、操作方法及技术要领。
3. 能熟练地用劈技法将动物性原料切割成符合烹调要求的形状。

▷ 任务实施

一、劈的方法

劈又称"砍",是指在保证刀面与砧板或菜墩垂直的前提下,运用臂力把带骨的、体积较大的原料分开成较小形状的一种刀法。根据一刀能否将原料劈开分为直刀劈、跟刀劈、拍刀劈三种方法。

1 直刀劈 左手扶稳原料,右手将砍刀扬起,对准原料要砍的部位,用小臂的力量迅速向下砍断原料。做到稳、准、狠。

2 跟刀劈 左手扶住原料,刀刃先在原料要砍的部位轻下一刀,刀刃进入原料内后,右手持刀柄,左手持原料,沿砧板垂直方向使原料随刀同时起落,向下砍断原料的方法。

3 拍刀劈 指在操作时,右手持刀将刀刃放在原料要砍的部位上,左手用掌心或掌根向刀背拍击,将原料砍断。

二、适用的原料

劈适用于带骨的动物性原料如排骨、鸡、鸭、兔子、鱼头、凤爪等。

三、操作要领

1 直刀劈 左手握住原料,要稍微远离刀砍的部位,原料拿稳不能晃动。右手将刀抬起后高度与自己的头部相等,顺势用力将原料一刀砍断,不要反复,避免原料产生太多的碎肉和碎骨,且原料的表皮形状也不好看,从而影响菜品的美观和质量,如图 4-7-1 所示。

2 跟刀劈 双手要紧密配合,先将刀刃切入要砍入原料的部位,刀与原料一同抬起垂直落下,直接砍断原料。如果没有砍断需要重复第二刀则必须在同一刀口上,注意左手与刀保持一定的距离以防止受伤,如图 4-7-2 所示。

Note

图 4-7-1　直刀劈

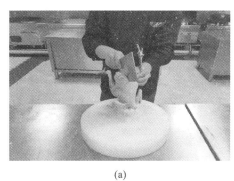

(a)

(b)

图 4-7-2　跟刀劈

❸ **拍刀劈**　原料置于砧板上,刀刃对准原料要砍的部位,用左手手掌拍击刀背,用力要足,如果没有一刀切断也可以连续拍击至原料断开。注意拿刀要稳,不要摆动,根据原料大小,左手拍击的力量需要掌握,力量过大容易受伤。如图 4-7-3 所示。

图 4-7-3　拍刀劈

四、训练方法

将一只净鸡劈成块。

▶ **任务小结**

本任务主要介绍了劈的含义,适用的原料,操作要领及训练方法。烹饪原料带骨的很多,需将其劈成块烹调;有一些带骨的成品菜肴,需劈件装盘。这是一种用途较广的刀法,我们必须掌握。

扫码看答案

同步测试

一、理论测试

1. 劈又称为_____,其方法有_____、_____、_____三种。

2. 劈适用于_____的动物性原料,如_____、_____、_____、_____、_____、凤爪等。

3. 名词解释:劈。

4. 劈刀法的操作方法有哪些?

5. 劈刀法的操作要领有哪些?

二、技能测试

❶ 考核目标

通过劈的知识,引导学生发现存在的不足,解决不足,从日常的课程中不断强化技能,培养职业素养。

❷ 考核内容

考核内容以劈的技法教学重难点为主,以学生日常职业素养的养成为辅,通过两个方面的考核引导学生强化技能,培养正确的职业素养。

❸ 考核标准

同本项目任务一。

项目五

平刀法的要求与指导

项目描述

根据酒店厨房切配岗位工作要求,使学生掌握平刀法的技法要领,包括平刀直片、平刀推片、平刀拉片、平刀滚料片等技法。

项目目标

1. 知识目标:了解平刀直片、平刀推片、平刀拉片、平刀滚料片等技法的含义;掌握平刀直片、平刀推片、平刀拉片、平刀滚料片等技法的适用范围、操作方法和技术要领。掌握平刀片萝卜(土豆)、萝卜皮、鸡脯肉的方法和技术要领。

2. 能力目标:具备切配岗位开档和收档的能力;具备按照烹调要求,灵活采用平刀法片制原料的能力;具备成本核算、合理配菜和菜墩、刀具、设备的保养能力。

3. 职业目标:具有高度的安全意识,吃苦耐劳的能力,自信乐观的情感态度;具备卫生清洁、节约的意识。

任务一 平刀法基础知识

任务描述

通过学习本任务,能熟练掌握平刀法的相关基础知识。

任务目标

1. 掌握平刀法的定义和分类。
2. 掌握各类平刀法的适用范围、操作方法和技术要领。

任务实施

一、平刀法的定义

平刀法又称批刀法,是指刀身与墩面平行,刀刃在切割烹饪原料时做水平运动的刀法。这种刀法可分为平刀直片、平刀推片、平刀拉片、平刀滚料片、平刀抖片等。行业里平刀抖片早期主要用于冷拼、盘饰围盘等,随着糖艺、面塑在盘饰中的应用,平刀抖片实用性逐渐削弱。

二、平刀法的分类

（一）平刀直片

使用这种刀法操作时要求刀膛与墩面平行，刀做水平直线运动，将原料一层层地片开。应用这种刀法主要是将原料加工成片的形状。在此基础上，再运用其他刀法将其加工成丁、粒、丝、条、段等形状。

平刀直片又可分为两种操作方法。

❶ 第一种操作方法

（1）适用范围：此法适用于加工较软的固体性原料，如豆腐、鸡血、鸭血、猪血等。

（2）操作方法：将原料放在墩面里侧（靠腹侧一面），左手伸直顶住原料，右手持刀端平，用刀刃的中前部从右向左片进原料。

（3）技术要领：刀身要端平，不可忽高忽低，保持水平直线片进原料。刀具在运动时，下压力要小，以免将原料挤压变形。

❷ 第二种操作方法

（1）适用范围：此法适合加工脆性原料，如生姜、土豆、黄瓜、胡萝卜、莴笋、冬笋等。

（2）操作方法：将原料放在墩面里侧，左手伸直，扶按原料，手掌或大拇指外侧支撑墩面，左手的食指和中指的指尖紧贴在被切原料的入刀处；右手持刀，刀身端平，对准原料上端被片的位置，刀从右向左做水平直线运动，将原料片断。然后左手中指、食指、无名指微弓，并带动已片下的原料向左侧移动，与下面原料错开5~10毫米。按此方法，使片下的原料片片重叠，呈梯田形状。

（3）技术要领：在批切时，左手的食指和中指的指尖紧贴在被切原料的入刀处，以控制片形的厚薄；刀身端平，刀在运动时，刀膛要紧紧贴住原料，从右向左运动，使片下的原料形状均匀一致。

（二）平刀推片

平刀推片要求刀身与墩面保持平行，刀从右后方向左前方运动，将原料一层层片开。

平刀推片主要用于把原料加工成片的形状。在此基础上，再运用其他刀法可将其加工成丝、条、丁、粒等形状。一般适用于上片的方法。

❶ 适用范围 此法适宜加工韧性较弱的原料，如通脊肉、鸡脯肉等。

❷ 操作方法 将原料放在墩面近身侧，距离墩面边缘约3厘米。左手扶按原料，手掌作支撑。右手持刀，用刀刃的中前部对准原料上端被片位置，刀从右后方向左前方片进原料。原料片开以后，用手按住原料，将刀移至原料的右端。将刀抽出，脱离原料，用中指、食指、无名指捏住原料翻转。紧接着翻起手掌，随即手翻回，将片下的原料贴在墩面上，如此反复推片。

❸ 技术要领 在行刀过程中端平刀身，用刀膛紧贴原料，动作要连贯紧凑。一刀未将原料片开，可连续推片，直至将原料片开为止。

（三）平刀拉片（批）

平刀拉片要求刀身与墩面保持平行，刀从右前方向左后方运动，将原料一层层片开。

平刀拉片主要用于把原料加工成片的形状。在此基础上，再运用其他刀法可将其加工成丝、条、丁、粒等形状。一般适用于下片的方法。

❶ 适用范围 此刀法适宜加工韧性较强的原料，如五花肉、坐臀肉、颈肉、肥肉等。

❷ 操作方法 将原料放在墩面近身侧，距离墩面边缘约3厘米。左手手掌按稳原料，右手持刀，在贴近墩面原料的部位起刀，根据目测厚度或根据经验将刀刃的中后部位对准原料被片（批）的部位，并将刀具从后部进入原料，刀刃从右前方进原料向左后方运动，呈弧线运动。

❸ 技术要领 操作时一定要将原料按稳，紧贴在刀板上，防止原料滑动。刀在运行时要充分有

力,原料应一刀片(批)开,可连续拉片(批),直至原料完全片(批)开为止。

（四）平刀滚料片

平刀滚料片是运用平刀推片、平刀拉片的刀法,边片边碾滚原料的刀法。具体地说,是将圆形或圆柱形的原料加工成较大的片,刀刃在水平切割的同时原料以匀速向前或后滚动,将原料批切成片的一种刀法。

❶ **适用范围**　适宜加工球形、圆柱形、锥形或多边形的韧性且质地较软的原料或脆性原料,如鸡心、鸭心、肉段、肉块、腌胡萝卜、黄瓜等。

❷ **操作方法**　将原料放置在墩面里侧,左手扶稳原料,右手持刀与墩面或原料平行,用刀刃的中前部位对准原料右侧底部被片(批)的位置,并使刀锋进入原料,刀刃匀速进入原料,原料以同样的速度向左后方滚动,直至原料批切成片。入刀的部位也可从原料右侧的上方进入,原料向右前方滚动,其他手法与平刀推片、平刀拉片相似。

❸ **技术要领**　在操作此刀法时,刀身要端平,两手配合要协调,刀刃挺进的速度与原料滚动的速度应一致,反之则易造成批断或伤及手指。

▶ **任务小结**

懂得平刀法的灵活运用。学生对理论教学和实践训练,经过系统学习、刀法练习和巩固能够使自己对原料加工有一个系统的认识和把握,并能够按照切配岗位的职业标准将所学内容运用于今后的实际工作中。

▶ **同步测试**

扫码看答案

1. ＿＿＿＿＿＿又称批刀法,是指刀身与墩面平行,刀刃在切割烹饪原料时做水平运动的刀法。
2. 平刀法可分为平刀直片、＿＿＿＿＿＿、平刀拉片、平刀抖片、＿＿＿＿＿＿等。
3. ＿＿＿＿＿＿是运用平刀推片、平刀拉片的刀法,边片边碾滚原料的刀法。
4. 平刀片时,刀刃挺进的速度与原料滚动的速度应＿＿＿＿＿＿,否则易造成批断或伤及手指。
5. 平刀直片可分为＿＿＿＿＿＿种操作方法。
6. 平刀推片主要适用于＿＿＿＿＿＿的方法。
7. 平刀拉片主要适用于＿＿＿＿＿＿的方法。

任务二　平刀片萝卜(土豆)

▶ **任务描述**

通过学习本任务,能熟练运用平刀法片萝卜(土豆)。

▶ **任务目标**

1. 掌握平刀法的技术要领。
2. 具备平刀片萝卜(土豆)的能力。
3. 养成良好的职业素养,具备安全意识和卫生意识。

Note

→ **任务实施**

一、资源准备

❶ **原料资源** 萝卜(土豆)一个。

❷ **工具设备** 刀具、菜墩、平盘、不锈钢盆、操作台等。

二、操作过程

（1）取一段萝卜(土豆)断面朝上放在墩面近身侧，左手手掌按稳原料，如图 5-2-1 所示。

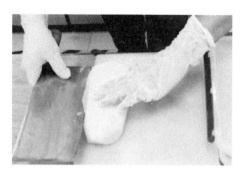

图 5-2-1 平刀片萝卜(土豆)操作过程一

（2）右手持刀，在原料的上部起刀，根据烹调要求目测厚度，将刀刃对准原料被片(批)的部位，刀刃从右前方进原料向左后方运动，做平刀拉片动作，或者刀刃从右后方进原料向左前方运动，做平刀推片动作，如此反复，直至将萝卜(土豆)片完，如图 5-2-2 所示。

图 5-2-2 平刀片萝卜(土豆)操作过程二

三、技术要领

（1）左手要与刀面平行，不能立起来，否则容易伤到手。

（2）右手持刀端平，不能晃动，否则影响片的质量。

四、举一反三

片莴笋、片豆干、片榨菜。

→ **任务小结**

平刀法是厨房实践操作中常用的刀工技法，本任务通过平刀片萝卜(土豆)培养学生掌握平刀法的技术要领,同学们请多加练习,达到熟练操作的标准。

→ 同步测试

扫码看答案

一、理论测试

1. 平刀法又称批刀法,是指刀身与墩面平行,刀刃在切割烹饪原料时做_____的刀法。
2. _____要求刀身与墩面保持平行,刀从右后方向左前方运动,将原料一层层片开。
3. _____要求刀身与墩面保持平行,刀从右前方向左后方运动,将原料一层层片开。
4. 平刀片萝卜(土豆)的技术要领有哪些?
5. 举例说明平刀法适用于哪些原料。

二、技能测试

班级_____　　　　　姓名_____　　　　　教师评价等级_____

步　　骤			工 作 评 价	
			处理完好	处理不当
工作过程	准备阶段	工作衣帽穿戴整齐		
		准备刀具,拿刀动作		
		根据操作需要备齐餐具和其他用品		
	操作阶段	刀法运用的正确性		
		双手配合操作的协调性和运刀速度		
	整理阶段	清理工作区域,清洁设备、工具		
		关闭水、电、门、窗		
考核项目	标准		分值	得分　　　　总分
用刀手法	站姿、握刀姿势规范		3	
运刀的速度	运刀速度快且均匀		3	
出品质量	片薄厚均匀,大小一致;原料利用率高,下脚料少		2	
卫生	操作干净卫生		2	

任务三　平刀片萝卜皮

→ 任务描述

通过学习本任务,能熟练运用平刀法片萝卜皮。

→ 任务目标

1. 掌握平刀法的技术要领。
2. 具备平刀片萝卜皮的能力。

3. 养成良好的职业素养,具备安全意识和卫生意识。

任务实施

一、资源准备

❶ **原料资源** 带皮萝卜一个。
❷ **工具设备** 刀具、菜墩、平盘、不锈钢盆、操作台等。

二、操作过程

(1)取一段萝卜断面朝向自己,放在墩面近身侧,左手手掌按稳原料,如图 5-3-1 所示。

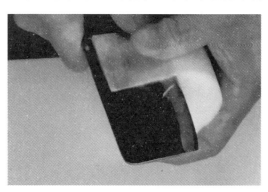

图 5-3-1 平刀片萝卜皮操作过程一

(2)右手持刀,在萝卜的上部(或者下部)起刀,贴着萝卜皮,刀刃进入萝卜后,萝卜不断地往前滚动,直至将萝卜皮片下。如果刀刃是从萝卜下部进入原料,刀刃进入萝卜后,萝卜不断地向后滚动,直至将萝卜皮片下,此刀法即是平刀滚料片,如图 5-3-2 所示。

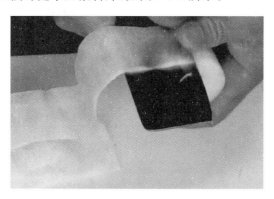

图 5-3-2 平刀片萝卜皮操作过程二

三、技术要领

(1)保持刀与萝卜的角度,保证片的薄厚一致。
(2)萝卜匀速滚动,太快太慢均会影响片的质量。

四、举一反三

片黄瓜、片莴笋。

萝卜渔网
的制作

Note

任务小结

平刀片萝卜皮是厨房冷菜岗位常用刀工技法,本任务通过平刀片萝卜皮的训练巩固学生对平刀片知识的掌握,同学们请多加练习,达到熟练操作的标准。

同步测试

一、理论测试

1. 平刀片萝卜皮的操作过程是什么?
2. 平刀片萝卜皮的技术要领是什么?

二、技能测试

同本项目任务二。

任务四 平刀片鸡脯肉

任务描述

通过学习本任务,能熟练运用平刀法片鸡脯肉。

任务目标

1. 掌握平刀法的技术要领。
2. 具备平刀片鸡脯肉的能力。
3. 养成良好的职业素养,具备安全意识和卫生意识。

任务实施

一、资源准备

① 原料资源 鸡脯肉一片。
② 工具设备 刀具、菜墩、平盘、不锈钢盆、操作台等。

二、操作过程

(1)将鸡脯肉放在墩面近身侧,左手手掌按稳原料,如图 5-4-1 所示。

(2)右手持刀,在贴近墩面原料的部位起刀,根据目测厚度或根据经验将刀刃的中后部位对准原料被片(批)的部位,并使刀具的后部进入原料,如图 5-4-2 所示。

(3)刀刃从右前方进原料向左后方运动,做弧线运动,如此反复,直至将鸡脯肉片完,如图 5-4-3 所示。

图 5-4-1　平刀片鸡脯肉操作过程一

图 5-4-2　平刀片鸡脯肉操作过程二

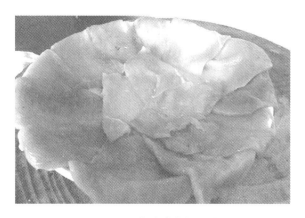

图 5-4-3　平刀片鸡脯肉操作过程三

三、技术要领

（1）左手一定要将鸡脯肉按稳，紧贴在菜墩上，防止原料滑动。

（2）刀在运行时要充分有力，原料应一刀片（批）开，可连续拉片（批），直至原料完全片（批）开为止。

四、举一反三

片里脊肉、片豆腐、片酸菜等。

扫码看答案

→ **任务小结**

　　平刀法是切配岗位常用刀工技法中的一种辅助技法,一般先将原料片成片,再切成丝、丁、米、粒等,例如切肉粒、切鱼米等都会先平刀成片,再切成米、粒。同学们请多加练习,达到熟练操作的标准。

→ **同步测试**

一、理论测试

1. 平刀片鸡脯肉时,左手一定要将原料_____,紧贴在菜墩上,防止原料_____。
2. 平刀片鸡脯肉的操作过程是什么?
3. 平刀片鸡脯肉的技术要领是什么?

二、技能测试

同本项目任务二。

项目六

斜刀法的要求与指导

项目描述

　　根据酒店厨房切配岗位工作要求,使学生掌握斜刀法的技法要领,斜刀法包括正刀斜片、反刀斜片技法。

项目目标

　　1.知识目标:了解正刀斜片、反刀斜片技法的含义;掌握正刀斜片、反刀斜片技法的适用范围、操作方法和技术要领。掌握斜刀片里脊肉、鱿鱼的方法和技术要领。
　　2.能力目标:具备切配岗位开档和收档的能力,按照切配岗位能力标准,灵活采用斜刀法切制原料的能力;具备成本核算、合理配菜和菜墩、刀具、设备的保养能力。
　　3.职业目标:具有高度的安全意识,具有吃苦耐劳的能力,自信乐观的情感态度;具备卫生清洁、节约的意识。

任务一　斜刀法的基础知识

任务描述

通过学习本任务,能熟练掌握斜刀法的相关基础知识。

任务目标

1.掌握斜刀法的定义和分类。
2.掌握各类斜刀法的适用范围、操作方法和技术要领。

任务实施

一、斜刀法的定义

　　斜刀法运刀时刀与墩面或刀与原料形成的夹角介于0°和90°之间,或90°和180°之间。这种刀法按照刀具与墩面或原料所成的角度和方向可以分为正刀斜片和反刀斜片两种。

二、斜刀法的分类

（一）正刀斜片

正刀斜片是指左手扶稳原料，右手持刀，刀背向右、刀口向左，刀身的右外侧与墩面或原料成0°～90°，使刀在原料中做倾斜运动的行刀技法。

❶ **适用范围**　适用于质软的各种具有韧性且体薄的原料，原料切成斜形、略厚的片或块。适宜加工原料如鱼肉、猪腰、鸡肉、虾肉、猪牛羊肉等，白菜帮、青蒜等也可用此法加工。

❷ **操作方法**　将原料放置在墩面左侧，左手四指伸直扶按原料，右手持刀，按照目测的厚度，刀刃从右前方向左后方，沿着一定的倾斜度运动，与平刀拉片相似。

❸ **技术要领**　刀在运动过程中，运用腕力，进刀轻推，出刀果断。刀身要紧贴原料，避免原料粘走或滑动，左手按于原料被片下的部位，对片的厚薄、大小及斜度的掌握，主要依靠眼光注视两手的动作和落刀的部位，右手稳稳地控制刀的倾斜度和方向，随时纠正运刀时的误差。左、右手有节奏地配合，一刀一刀片下去。

（二）反刀斜片

反刀斜片又称右斜刀法、外斜刀法。反刀斜片是指左手扶稳原料，右手持刀，刀背向左后方，刀刃朝右前方，刀身左侧与墩面或原料成0°～90°，使刀刃在原料中做倾斜运动的行刀技法。

❶ **适用范围**　这种刀法主要是将原料加工成片、段等形状。适用于脆性、体薄、易滑动的动植物性原料，如鱿鱼、熟猪（牛）肚、青瓜、白菜帮等。

❷ **操作方法**　左手呈蟹爬形按稳原料，以中指第一关节微屈抵住刀身，右手持刀，使刀身紧贴左手指背，刀背朝左后方，刀刃向右前方推切至原料断开。左手同时移动一次，并保持刀距一致及刀身倾斜角度，应根据原料成型的规格进行灵活调整。

❸ **技术要领**　左手有规律地配合向后移动，每次移动应掌握保持同等的距离，使切下的原料在形状、厚薄上均匀一致。运刀角度的大小，应根据所片原料的厚度和对原料成型的要求而定。

任务小结

能熟练运用斜刀法切配原料。通过对斜刀法的运用，使学生较系统地了解和熟悉斜刀法的相关理论和技能内容，具有较强的动手能力。

同步测试

扫码看答案

1. ＿＿＿＿＿运刀时刀与墩面或刀与原料形成的夹角介于0°和90°之间，或90°和180°之间。

2. 斜刀法按照刀具与墩面或原料所成的角度和方向可以分为＿＿＿＿＿和＿＿＿＿＿两种。

3. ＿＿＿＿＿是指左手扶稳原料，右手持刀，刀背向右、刀口向左，刀身的右外侧与墩面或原料成0°～90°，使刀在原料中做倾斜运动的行刀技法。

4. ＿＿＿＿＿又称右斜刀法、外斜刀法，是指左手扶稳原料，右手持刀，刀背向左后方，刀刃朝右前方，刀身左侧与墩面或原料成0°～90°，使刀刃在原料中做倾斜运动的行刀技法。

任务二 斜刀片里脊肉

➡ 任务描述

通过学习本任务,能熟练运用斜刀法片里脊肉。

➡ 任务目标

1. 掌握斜刀法的技术要点。
2. 具备斜刀片里脊肉的能力。
3. 养成良好的职业素养,具备安全意识和卫生意识。

➡ 任务实施

一、资源准备

① **原料资源** 里脊肉 300 克。
② **工具设备** 刀具、菜墩、平盘、不锈钢盆、操作台等。

二、操作过程

(1) 将里脊肉放置在墩面左侧,左手四指伸直按稳原料,如图 6-2-1 所示。

图 6-2-1 斜刀片里脊肉操作过程一

(2) 右手持刀,按照目测的厚度,刀刃从右前方向左后方,沿着一定的斜度运动,与平刀拉片相似。如此反复斜片,直至将里脊肉片完,如图 6-2-2、图 6-2-3 所示。

图 6-2-2 斜刀片里脊肉操作过程二

图 6-2-3　斜刀片里脊肉操作过程三

三、技术要领

（1）刀在运动过程中,运用腕力,进刀轻推,出刀果断。
（2）保持菜墩整洁,避免原料粘走或滑动。
（3）根据目测及时调整片的薄厚。
（4）左、右手运动配合协调、有节奏。

四、举一反三

斜刀片鱼、斜刀片鸡、斜刀片白菜等。

松果花刀

任务小结

斜刀法是切配岗位常用的一种刀工技法,水煮鱼、酸菜鱼、水煮肉片等菜肴都会用到此刀法,同学们要按照操作标准学好此项任务。

同步测试

扫码看答案

一、理论测试

1. 斜刀片里脊肉时,将里脊肉放置在墩面左侧,左手四指伸直_____。
2. 斜刀片里脊肉时,刀在运动过程中,运用腕力,进刀轻推,_____。
3. 斜刀片里脊肉的操作步骤是什么?
4. 斜刀片里脊肉的技术要领是什么?

二、技能测试

同项目五任务二。

任务三　斜刀片鱿鱼

任务描述

通过学习本任务,能熟练运用斜刀法片鱿鱼。

任务目标

1. 掌握斜刀法的技术要点。
2. 具备斜刀片鱿鱼的能力。
3. 养成良好的职业素养,具备安全意识和卫生意识。

任务实施

一、资源准备

① **原料资源** 鱿鱼板一片。
② **工具设备** 刀具、菜墩、平盘、不锈钢盆、操作台等。

二、操作过程

(1)将鱿鱼板放置在墩面上,鱿鱼里面朝上,与墩面夹角成45°,左手四指伸直按稳鱿鱼板,如图6-3-1所示。

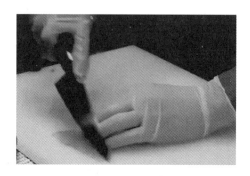

图 6-3-1 斜刀片鱿鱼操作过程一

(2)右手持刀,刀刃从右后方向左前方,沿着一定的斜度运动,与平刀推片相似,刀距0.2厘米。如此反复推片,直至将鱿鱼板片完,如图6-3-2所示。

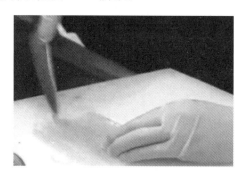

图 6-3-2 斜刀片鱿鱼操作过程二

三、技术要领

(1)切鱿鱼有个说法叫"切里不切外",如果切反了,鱿鱼成熟卷曲效果不好。
(2)刀距保持一致,不能切得太厚或者太薄,否则会影响片的质量。

四、举一反三

片西芹、片腰花等。

➡ 任务小结

斜刀片鱿鱼是切配岗位常见的一项工作任务,斜刀切制海鲜产品(特别是鱿鱼)更有难度,同学们按照技术要领积极练习。

➡ 同步测试

扫码看答案

一、理论测试

1. 鱿鱼里面朝上,与墩面夹角成_____。
2. 斜刀片鱿鱼时,右手持刀,沿着一定的斜度运动,刀距_____厘米。
3. 切鱿鱼有个说法叫"_____",如果切反了,鱿鱼成熟卷曲效果不好。
4. 斜刀片鱿鱼的操作步骤是什么?
5. 斜刀片鱿鱼的技术要领是什么?

二、技能测试

同项目五任务二。

项目七

原料成型

项目描述

　　原料成型是运用不同的刀法,将烹饪原料加工成基本形状,也就是加工成块、段、片、条、丝、粒、末、茸泥、球等形状的操作工艺技术。这些形状有其自身的规格,加工方法也不完全相同。熟悉各种原料成型的标准及规范化要求。巩固各种刀工技法,体会刀工对菜肴形态的影响。

项目目标

　　增强学生对刀工的进一步认识,体会原料形状加工的重要性,掌握各种形状加工时的加工工艺,增强学生对刀工的进一步认识,体会原料形状加工的标准化含义。

1. 能够掌握各种原料成型的方法。
2. 能够熟练运用各种刀法及具备综合运用能力。
3. 具备原料成型的操作技能。
4. 达到原料成型质量、规格的标准要求。

项目实施注意事项

　　1. 原料粗细薄厚要均匀,长短一致,用刀要轻重适宜,该断则断,该连则连。

　　2. 视料用刀,轻重适宜,干净利落。原料性质不同,纹路不同,改刀必先视料。筋少、细嫩、易碎的原料,应顺纹路加工;筋多、质老的要顶纹路加工;质地一般的要斜纹路加工。如鸡肉应顺纹切,牛肉则需横纹切。

　　3. 加工时要注意主辅料形状的配合和原料的合理利用。一般是辅料服从主料,丝对丝,片对片,辅料的形状略小于主料。用料时要周密计划,量材使用,尽可能做到"大材大用,小材小用,细料细用,粗料巧用"。尤其是大料改小料,原料中只选用其中的某些部位,在这种情况下,对暂时用不着的剩余原料,要巧妙安排,合理利用。

　　4. 刀工处理须服从菜肴烹制所采用的烹调方法。如炒、油爆使用猛火,时间短,入味快,原料要切得小、薄或打花刀;炖、焖火力较慢,时间较长,原料可切得大或厚些。

任务一 片的加工与应用

任务描述

　　片一般运用切或批的刀法加工而成。蔬菜类、瓜果类原料一般采用直切,韧性原料一般采用推切、拉切的方法。质地坚硬或松软易碎的原料可采用锯切的方法,薄而扁平的原料则应采用批的方法等。总之,必须根据原料的性质确定相应刀法进行切片。动物性原料在切片之前,应先去皮、去筋、去骨,以保证运刀自如及成型规格。片的形状很多,常见的有长方片、柳叶片、菱形片、月牙片、指甲片等。片的厚薄也不同,从烹调要求看,一般质地嫩、易碎的原料应厚一些;质地坚硬带有韧性或脆性的原料应薄一些;用于余汤的原料要薄一些;用于滑炒、炸的片要厚一些。

任务目标

　　通过刀工训练,了解片的各种加工方法和切制标准,重点熟悉和掌握常用片(如长方片、菱形片)的操作方法。能够在实际操作中熟练区分各种片的操作要求。

任务实施

一、原料选择

白萝卜、青萝卜、黄瓜、芥菜、榨菜、鲅鱼、土豆、里脊肉、藕等。

二、原料初步加工

将所有原料清洗干净,去皮,初步加工。

三、实施过程

　　按表7-1-1的要求选择合适的方法对已经初步加工的原料,逐类、逐项进行不同类型片的切制,如图7-1-1所示。片的菜肴成品如图7-1-2所示。

表 7-1-1　不同类型片的加工及应用

类　别	标 准 要 求	先 期 形 状	刀法	加 工 方 法	适 用 原 料
长方片	长、宽、厚为4.5厘米×1.5厘米×0.2厘米	长方块	切	切长方块再改刀切成片	脆嫩、软嫩的动植物性原料
菱形片	长、宽、厚为3.5厘米×1.5厘米×0.2厘米	菱形块	直切、斜切	切菱形块再改刀切成片	脆、软类动植物性原料
柳叶片	长3~5厘米、宽1~1.5厘米、厚0.2~0.3厘米	两头尖,又窄又长的弧形块	直切	一剖为二,再以一定角度改刀切成片	长圆形原料,如火腿肠、黄瓜等

续表

类　别	标准要求	先期形状	刀法	加工方法	适用原料
月牙片	厚度为 0.2～0.4厘米	形状似月牙	直切、挖	顺长切两半,挖瓤横切成片	圆柱形、球形体的原料
夹刀片	两片为一组,一端开,另一端相连。单片厚度为 0.2～0.3厘米		直切片	第一刀不切断,第二刀断开	扁平和有一定脆硬度的原料
抹刀片	长、宽、厚分别为 4.5厘米×2.5厘米×0.2厘米		斜刀片	刀与原料成 30°角片成片	主要用于鱼类的加工
梳子片	先将原料切成4.5厘米×2.5厘米×0.2厘米片,再在片的一边切0.2厘米的丝,像梳牙,另一边长0.8厘米不切断,似梳背				软性的原料,如里脊肉等

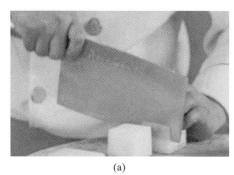
(a)

(b)

图 7-1-1　片的切制

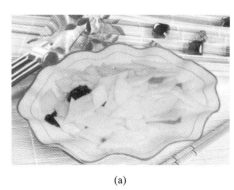
(a)

(b)

图 7-1-2　片的菜肴成品示例

四、质量标准

(1)刀法正确,符合要求。

(2)动作操作规范,连贯熟练。

(3)片的厚薄、大小均匀一致。

▶ 相关知识

(1)净肉质原料,一般顶刀切片;蔬菜、瓜果类原料,采用直切、推切的方法,如土豆片、黄瓜片、冬瓜片等。质地较松软、形状较扁薄的原料,采用推、拉片的方法,如鸡、鱼、肉片等。

(2)体长形圆且不易按稳的原料,宜用削的方法,如茄子片、苹果片等。

(3)质地松软、容易碎散的原料如鱼片、豆腐片等要切厚一些,质地较硬或带有韧性或脆性的原料如鸡片、肉片、笋片、榨菜片等,则宜略薄一些。

(4)注意原料的纤维纹理方向,较老的逆向,如牛肉片、笋片等;嫩的应顺向,如鱼片;片的切面应光滑,片体均匀,厚薄一致,宽长相等。

(5)氽的片要薄一些,爆、熘、炒的片可稍厚一些。

(6)片的加工成型主要用切、片、削等方法。厚度在0.3厘米以上的为厚片,0.2厘米的为薄片。

任务小结

❶ **任务知识点** 了解长方片、菱形片、柳叶片、月牙片等的形态分类。重点是长方片、菱形片的加工方法。

❷ **任务要求** 掌握片的加工方法,实现任务目标,并达到熟练运用不同刀法的标准。

❸ **任务完成总结** 总结任务完成过程中好的方面及存在的不足、可改进之处。

同步测试

扫码看答案

一、理论测试

1.长方片的要求是长_____、宽_____、厚_____。

2.菱形片的要求是长_____、宽_____、厚_____。

3.柳叶片的适用原料有_____。

4.简述片的种类。

二、技能测试

❶ **考核目标**

考核的主要目标是通过对片的加工与应用知识的学习,引导学生发现存在的不足,解决不足,从日常的操作过程中不断强化技能,培养职业素养。

❷ **考核内容**

考核内容以片的加工与应用的教学重难点为主,以学生日常职业素养的养成为辅,通过两个方面的考核引导学生强化技能,培养正确的职业素养。

❸ **考核标准**

项 目	评 价 内 容	配分	自 我 评 价			
			优秀	良好	合格	不合格
理论知识及职业素养考核(30分)	项目实施准备情况	5分				
	相关知识及掌握程度	5分				
	团队合作及沟通意识	5分				
	工装穿戴及仪表仪容	5分				
	刀法理论知识拓展表现	5分				
	安全、责任意识	5分				

续表

项　　目	评价内容	配分	自我评价			
			优秀	良好	合格	不合格
专业能力考核 （70分）	按时按要求完成情况	10分				
	独立工作的能力	10分				
	项目操作动手能力	20分				
	训练项目综合合格率	10分				
	展示自我作品的能力	5分				
	操作过程语言表达能力	5分				
	卫生清洁能力	5分				
	工具、物品复位能力	5分				
小组 评价建议			综合得分： 等级：优、良、合格、不合格			
指导教师 建议						

任务二　块的加工与应用

▶ 任务描述

　　块一般是采用直刀法加工而成。质地松软、脆嫩无骨、无冰冻的原料可采用切的方法，如：蔬菜，去骨、去皮的各种肉类都可运用直切、拉切、推切等方法把原料加工成块；而质地坚硬、带皮、带骨或被冰冻得很严重的原料则需用斩或砍的方法把原料加工成块。由于原料本身的限制，有的块形状不规则，如鸡块、鸭块等，但应尽可能做到块的形状大小整齐、均匀。在加工时，如原料较小，可根据其自然的形态直接加工成块；如较大的原料，则应根据所需规格先加工成段或条，再改刀成块。块的种类很多，常见的有正方块、长方块、菱形块、劈柴块、滚料块等。

▶ 任务目标

　　通过刀工训练，了解块的各种加工方法和切制标准，重点熟悉和掌握常用块（如长方块、正方块和滚料块）的操作方法。能够在实际操作中熟练区分各种块的操作要求。

▶ 任务实施

一、原料选择

青萝卜、白萝卜、土豆、里脊肉、地瓜等。

二、原料初步加工

将所有原料清洗干净,去皮,初步加工。

三、实施过程

按表 7-2-1 的要求选择合适的刀法对已经初步加工的原料,逐类、逐项进行不同类型块的切制,如图 7-2-1 所示。块的菜肴成品如图 7-2-2 所示。

表 7-2-1　不同类型块的加工及应用

类　别		标　准　要　求		刀法	加工方法	适用原料
正方块	大方块	2 厘米见方	边长相等	直切	原料→厚片→条→方块	脆嫩、软嫩动物原料
	小方块	1.5 厘米见方				
长方块		长、宽、厚为 4 厘米×1.5 厘米×0.8 厘米				
滚料块		长、宽、厚为 2.5 厘米×1.5 厘米×1.5 厘米,不规则但形体大小一致的三棱体		滚料切	下刀的同时摆动或转动原料	圆柱形、椭圆形原料
菱形块	大菱形块	(对角线)长、宽、厚为 3 厘米×2 厘米×1.5 厘米	边长相等	直切斜切	原料切成厚片再直切成粗条再将刀刃与原料成 35°角改成块	脆、软类原料
	小菱形块	(对角线)长、宽、厚为 1.5 厘米×0.8 厘米×0.8 厘米				

(a)

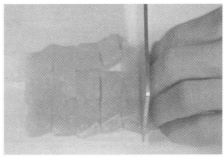
(b)

图 7-2-1　块的切制

(a)

(b)

图 7-2-2　块的菜肴成品示例

相关知识

（1）块多用切、剁、砍等刀法加工而成,切者居多。形体较厚、质地较老及带骨的原料采用剁、砍的方法,如排骨等。

（2）块的形状大小取决于刀距的宽窄,切出原料的形状应相同。

（3）块多用于烧、焖、煨及熘、炒等。烧、焖、煨时,块形可稍大一些;熘、炒时,块形可小一些。对于某些块形较大的,应在成块前两面剖刀,以便入味。

任务小结

❶ **任务知识点** 了解正方块、长方块、菱形块、劈柴块、滚料块的形态分类。重点是长方块、滚料块的加工方法。

❷ **任务要求** 掌握块的加工方法,实现任务目标,并达到熟练运用不同刀法的标准。

❸ **任务完成总结** 总结任务完成过程中好的方面及存在的不足、可改进的方面。

同步测试

扫码看答案

一、理论测试

1. 大方块大小的标准要求为_____;小方块大小的标准要求为_____。

2. 滚料块的要求是长_____、宽_____、厚_____,是_____的三棱体。

3. 大菱形块的要求是(对角线)长_____、宽_____、厚_____;小菱形块的要求是(对角线)长_____、宽_____、厚_____。

4. 简述块的种类。

二、技能测试

❶ **考核目标**

考核的主要目标是通过对块的加工与应用知识的学习,引导学生发现存在的不足,解决不足,从日常的课程中不断强化技能,提高职业素养。

❷ **考核内容**

考核内容以块的加工与应用的教学重难点为主,以学生日常职业素养的养成为辅,通过两个方面的考核引导学生强化技能,培养正确的职业素养。

❸ **考核标准**

同本项目任务一。

任务三 丁、粒、末的加工与应用

任务描述

丁的形状一般近似于正方体,其成型方法是先将原料批或切成厚片,再由厚片改刀成条,再由条加工成丁。丁的种类很多,常见的有正方丁、菱形丁、橄榄丁等。粒比丁更小,加工的方法与丁基本相似,是由片改刀成条或丝,再由条或丝改刀成粒。其刀工精细,成型要求较高。条或丝的粗细决定了粒的大小,根据粒的大小,粒通常可分为黄豆粒、绿豆粒、米粒等。末的形状比粒形要小,泥、蓉比末还要精细。

→ 任务目标

通过刀工训练,了解丁、粒、末的各种刀法和切制标准,重点熟悉和掌握常用丁(如方丁和丁片)的操作方法。能够在实际操作中熟练区分各种丁、粒、末的操作要求。

→ 任务实施

一、原料选择

青萝卜、胡萝卜、土豆、里脊肉、葱、姜等。

二、原料初步加工

将所有原料清洗干净,去皮,初步加工。

三、实施过程

按表 7-3-1 的要求选择合适的刀法对已经初步加工的原料,逐类、逐项进行不同类型丁、粒、末的切制。菜肴成品示例如图 7-3-1 所示。

表 7-3-1　不同类型丁、粒、末的加工及应用

类　别		标 准 要 求	加 工 方 法	适 用 原 料
方丁	大方丁	1.2 厘米见方	先将原料切或片成厚片,两面扦刀后切成条,然后改切成丁	软、略有韧性的动物性原料
	小方丁	0.8 厘米见方		
丁片	大丁片	边长 1.2 厘米、厚 0.3 厘米	先将原料切成厚片,再切成长条,然后顶刀切成丁片	脆性的植物性原料
	小丁片	边长 1 厘米、厚 0.2 厘米		
粒	黄豆粒	0.5 厘米见方	原料切成相应厚度的片,再切成同标准的丝,后顶刀切成粒	多种原料
	绿豆粒	0.3 厘米见方		
	米粒	0.1 厘米见方		
末	大末	0.2 厘米见方	①将原料切成薄片,再切成同标准的丝,然后顶刀切成末;②将原料拍碎或切成粒,再剁成末	
	细末	0.1 厘米见方		

(a)   (b)

图 7-3-1　丁、粒、末的菜肴成品示例

四、质量标准

(1) 刀法正确,符合要求。

(2) 操作规范,动作连贯熟练。

(3) 丁、粒、末的形体、大小均匀一致。

任务小结

❶ **任务知识点**　了解方丁、丁片、黄豆粒、绿豆粒、米粒、末的形态分类。

❷ **任务要求**　掌握丁、粒、末的加工方法,实现任务目标,并达到熟练运用不同刀法的标准。

❸ **任务完成总结**　总结任务完成过程中好的方面及存在的不足、可改进的方面。

同步测试

扫码看答案

一、理论测试

1. 大方丁的大小要求是_____;小方丁的大小要求是_____。

2. 大丁片的要求是边长_____,厚_____;小丁片的要求是边长_____,厚_____。

3. 大末的要求是大小为_____。

二、技能测试

❶ 考核目标

考核主要目标是通过考核丁、粒、末的加工与应用的知识,引导学生发现存在的不足,解决不足,从日常的课程中强化技能,提高职业素养。

❷ 考核内容

考核内容以丁、粒、末的加工与应用的教学重难点为主,以学生日常职业素养的养成为辅。通过两个方面的考核引导学生强化技能,培养正确的职业素养。

❸ 考核标准

同本项目任务一。

任务四 丝的加工与应用

▶ 任务描述

丝是基本形态中比较精细的一种,技术难度较高。加工后的丝,要求粗细均匀、长短一致、不连刀、无碎粒,要求刀工速度快。

▶ 任务目标

通过刀工训练,了解丝的各种加工方法和切制标准,重点熟悉和掌握常用丝(如粗丝、中丝和细丝)的操作方法。能够在实际操作中熟练区分各种丝的操作要求。

▶ 任务实施

一、原料选择

萝卜、土豆、里脊肉、鸡脯肉、净鱼肉等。

二、原料初步加工

将所有原料清洗干净,去皮,初步加工。

三、实施过程

按表 7-4-1 的要求选择合适的刀法对已经初步加工的原料,逐类、逐项进行不同类型丝的切制。丝的菜肴成品示例如图 7-4-1 所示。

表 7-4-1　不同类型丝的加工及应用

类别	标准要求	加工方法	适用原料
粗丝	长 5～6 厘米、粗 0.3 厘米	先将原料顺纤维切成片,再将片整齐地码放成型,顺刀顺纤维切成丝	收缩率大或易碎的原料
中丝	长 5～6 厘米、粗 0.2 厘米		收缩率小、具有韧性或脆性的原料
细丝	长 5～6 厘米、粗 0.15 厘米		富含植物纤维的植物性原料

四、质量标准

(1)刀法正确,符合要求。
(2)操作规范,动作连贯熟练。
(3)丝的长短、粗细均匀一致。

丝的应用
注意事项

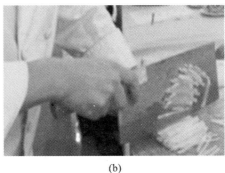

(a)   (b)

图 7-4-1 丝的菜肴成品示例

▶ **任务小结**

❶ **任务知识点** 了解粗丝、中丝、细丝的形态分类。
❷ **任务要求** 掌握不同丝的加工方法,实现任务目标,并达到熟练运用不同刀法的标准。
❸ **任务完成总结** 总结任务完成过程中好的方面及存在的不足、可改进的方面。

▶ **同步测试**

扫码看答案

一、理论测试

1. 粗丝的要求是长_____,粗_____。
2. 中丝的要求是长_____,粗_____。
3. 细丝的要求是长_____,粗_____。
4. 简述丝的种类。

二、技能测试

❶ **考核目标**
考核主要目标是通过考核丝的加工与应用的知识,引导学生发现存在的不足,解决不足,从日常的课程中强化技能,提高职业素养。

❷ **考核内容**
考核内容以丝的加工与应用的教学重难点为主,以学生日常职业素养的养成为辅。通过两个方面的考核引导学生强化技能,培养正确的职业素养。

❸ **考核标准**
同本项目任务一。

任务五 条的加工与应用

▶ **任务描述**

条一般适用于无骨的动物性或植物性原料,成型方法一般是将原料先批或切成厚片,再切成条。条的粗细取决于片的厚薄,按条的粗细可分为手指条、一字条、筷子条、象牙条等。

任务目标

通过刀工训练,了解条的各种加工方法和切制标准,重点熟悉和掌握常用条(如手指条、一字条)的操作方法。能够在实际操作中熟练区分各种条的操作要求。

任务实施

一、原料选择

萝卜、土豆、鸡脯肉、净鱼肉、猪后腿肉、冬笋等。

二、原料初步加工

将所有原料清洗干净,去皮,初步加工。

三、实施过程

按表 7-5-1 的要求选择合适的刀法对已经初步加工的原料,逐类、逐项进行不同类型条的切制。条的菜肴成品示例如图 7-5-1 所示。

表 7-5-1　不同类型条的加工及应用

类　别	标 准 要 求		加 工 方 法	适 用 原 料
手指条	粗 1.5 厘米	横断面为方形,长 5~8 厘米	先将原料切成较厚的片或段后,再改刀切成条	具有一定韧、软、脆性的动植物性原料
一字条	粗 1 厘米			
筷子条	粗 0.5 厘米			
象牙条	条的一端呈尖形,似象牙状			圆锥体的植物性原料

(a)

(b)

图 7-5-1　条的菜肴成品示例

四、质量标准

(1) 刀法正确,符合要求。
(2) 操作规范,动作连贯熟练。
(3) 条的长短、粗细均匀一致。

相关知识

1.切制条的刀工技法主要用直刀法中的切、平刀法中的片、斜刀法中的正反刀斜片及剁、批等。

2.条的长短、粗细视原料的形状、大小及菜肴制作需要而定,尽量使原料的利用率大一些。下刀前可测算一下,再改刀。

3.很多圆形或柱状的原料切条时可利用原料的天然外弧状。

任务小结

① **任务知识点** 了解手指条、一字条、筷子条、象牙条的形态分类。

② **任务要求** 掌握不同条的加工方法,实现任务目标,并达到熟练运用不同刀法的标准。

③ **任务完成总结** 总结任务完成过程中好的方面及存在的不足、可改进的方面。

同步测试

一、理论测试

1.手指条的要求是粗_____,横断面为_____,长_____。

2.一字条的要求是粗_____,横断面为_____,长_____。

3.筷子条的要求是粗_____,横断面为_____,长_____。

4.简述条的种类。

二、技能测试

① **考核目标**

考核主要目标是通过考核条的加工与应用的知识,引导学生发现存在的不足,解决不足,从日常的课程中强化技能,提高职业素养。

② **考核内容**

考核内容以条的加工与应用的教学重难点为主,以学生日常职业素养的养成为辅。通过两个方面的考核引导学生强化技能,培养正确的职业素养。

③ **考核标准**

同本项目任务一。

任务六 段的加工与应用

任务描述

段是一种比较大的原料形状,成型方法是将原料切成较大的条状。一般根据菜品的要求将动物性或植物性原料切成大小均匀的段。按段的长短可分为大段和小段。

任务目标

通过刀工训练,了解段的各种加工方法和切制标准,重点熟悉和掌握常用段的操作方法。能够

Note

在实际操作中熟练区分各种段的操作要求。

 任务实施

一、原料选择

萝卜、芸豆、豆角、带鱼等。

二、原料初步加工

将所有原料清洗干净,去皮,初步加工。

三、实施过程

按表7-6-1的要求选择合适的刀法对已经初步加工的原料,逐类、逐项进行不同类型段的切制。段的菜肴成品示例如图7-6-1所示。

表7-6-1　不同类型段的加工及应用

类别	标准要求		加工方法	适用原料
大段	长8厘米	直段或斜段	管状原料用斜刀法,柱形原料用直刀法	动物性和带骨的鱼类
小段	长3.5厘米			植物性原料

(a)　　　　　　　　　　　(b)

图7-6-1　段的菜肴成品示例

四、质量标准

(1)刀法正确,符合要求。

(2)操作规范,动作连贯熟练。

(3)段的长短、大小均匀一致。

 相关知识

不管是加工的方法还是段的尺寸标准,并没有严格的界限概念。一般是把段看作是长条形,至于段的大小与长短则没有严格限制,主要根据烹制菜肴的需要而定。

任务小结

❶ **任务知识点**　了解大段、小段的形态分类。

扫码看答案

❷ **任务要求** 掌握不同类型断的加工方法,实现任务目标,并达到熟练运用不同刀法的标准。

❸ **任务完成总结** 总结任务完成过程中好的方面及存在的不足、可改进的方面。

同步测试

一、理论测试

1. 大段的标准形状为_____,大小为_____。

2. 小段的标准形状为_____,大小为_____。

3. 简述段的种类。

二、技能测试

❶ **考核目标**

考核主要目标是通过考核段的加工与应用的知识,引导学生发现存在的不足,解决不足,从日常的课程中强化技能,提高职业素养。

❷ **考核内容**

考核内容以段的加工与应用的教学重难点为主,以学生日常职业素养的养成为辅。通过两个方面的考核引导学生强化技能,培养正确的职业素养。

❸ **考核标准**

同本项目任务一。

任务小结

教师要加强引导,营造适宜的学习氛围。每次练习,都要有新的或更高的技术动作要求,同时要注意强化和巩固已学的技术动作,而不是简单的重复。引导学生主动思考和改善所完成技术动作的质量。巡回指导过程中,细致观察、抓住为典型错误的技术动作,深入剖析,予以及时地纠正、改善。学生训练时,要知道自己的动作做得对或不对,效果如何。要把符合技术动作要求的保留和巩固下来,纠正、抑制错误动作,提高实训效率。

剖刀法（混合刀法）的要求与指导

项目描述

　　剖刀法是将直刀法和斜刀法结合的混合刀法，是在原料表面切或批一些有相当深度而又不断的刀纹，经过加热后形成各种美观形状的操作方法。剖刀法的实施对于原料有特殊的要求，这些原料经加工后能够很完美地表现出花刀的刀纹，使整体形态更加美观。另外，原料表面剖上深浅一致的刀纹利于加热成熟，能够有效缩短烹调时间，使原料保持脆嫩的口感。再者因为原料表面的刀纹使刀切点增多更有利于调味料的渗透，经芡汁包裹使成菜容易入味并附着香味。

　　剖刀法应选用具有韧性和弹性，加热易熟的原料，而且原料尽量要求厚薄均匀，这样有利于剖刀法实施。常用的家畜、家禽类原料有猪腰、猪肚、鸡胗、黄喉、猪瘦肉等；海产品原料如鲜鱿鱼、鲍鱼等；蔬菜类原料如黄瓜、莴笋、萝卜等。不同的剖刀法会使原料呈现不同的形状，这些形状有其自身的规格，加工方法也不完全相同。

　　熟悉各种花刀成型的标准及规范化要求。学习各种花刀技法，体会花刀对美化菜肴形态，影响菜肴口味，提升菜肴口感，形成菜肴风味的影响。

项目目标

　　1. 能够准确地选择适宜于剖刀法实施的原料。
　　2. 能够掌握各种花刀成型的方法。
　　3. 能够熟练掌握混合刀法及具备综合运用能力。
　　4. 具备原料美化成型的操作技能。
　　5. 达到花刀成型的标准要求。

项目实施注意事项

　　1. 视料用刀，轻重适宜，干净利落。原料性质不同，纹路不同，改刀必先视料。易碎原料剖制深浅适度，紧密原料剖制可略深些。有的需要顺纹路剖，有的需要斜向逆纹路运刀。

　　2. 剖刀法运用时其下刀深度及间距应保持一致。剖制不同的原料采用的刀法、下刀方向性、剖制角度有差异，但总体剖制深浅程度和间距应一致，否则容易造成卷曲成型程度低，影响美观性及成熟度，还容易造成入味不均匀现象。

　　3. 剖刀法实施角度，对于原料成型影响较大。料型呈长条形、细丝状，斜刀剖角度一般在30°左右，斜刀夹角如果到40°或45°，斜刀剖后直刀剖出的原料太短，不符合要求。因此斜刀剖时刀与砧板夹角角度越小，成型原料（如菊花瓣等）就越长；反之，刀与砧板夹角越大，剖出的成型原料就越短。这也与原料厚薄有一定关系。

　　4. 根据原料质地和烹调要求，灵活运用剖刀法加工原料。不同原料质地，菜品要求存在差异性，要求选择合适的剖刀法对原料进行剖制加工，充分展现原料整体美观性。短时间烹调方法如爆、炒等，原料要剖得薄，切得小。长时间加热如炖、焖等烹调法，原料剖制后可切得大或厚些。

任务一　剞刀法的含义与规范要求

任务描述

餐饮酒店很多刀工、火候菜肴是将原料运用各种刀法剞制而成。各种剞刀法运用的熟练程度，直接影响到各种冷、热菜肴造型美观度及菜品整体质量。此项任务要求在熟悉了解剞刀法概念及各种剞刀法理论基础上，训练并掌握各种剞刀法的操作方法，能够将剞刀法熟练运用到实践操作中。

一、工作情境描述

学习各种花刀剞制方法并达到相应的标准，首先要对剞刀法进行训练，要求剞制深浅度一致，间距均匀，请切配小组制作。

二、工作流程、活动

根据工作计划，组织剞刀法训练，刀工达到质量标准，工作现场保持整洁，小组成员配合有序，节约原料，操作符合安全规程。

❶ **工作任务表**　见表 8-1-1。

表 8-1-1　工作任务表

工 作 任 务	工 作 标 准	工 作 方 式	时　　间
剞刀法训练	间距及深浅度均匀一致； 适应各种质地原料的切制	小组合作	10 分钟/项

❷ **认识或分析剞制工艺**

引导问题 1：什么是剞刀法、直刀法、直刀推剞和直刀拉剞？

引导问题 2：直刀推剞和直刀拉剞的操作要领是什么？

引导问题 3：斜刀剞的分类、应用及操作要领是什么？

任务目标

学习理解剞刀法的概念；认识剞刀法在烹饪中的作用；掌握剞刀法的操作方法；能够在实际操作中体现出剞刀法的技术要领；增强腕力，培养双手的协调能力。

任务实施

一、实施方案

根据剞刀法要求，小组讨论确定人员分工、工具原料清单、工序安排。

❶ **人员分工**　见表 8-1-2。

表 8-1-2　人员分工表

序　　号	工 作 岗 位	工 作 任 务	工 作 人 员
1	初步加工	正确选配原料，进行初步加工	学生分组

扫码看解答

知识链接

序　号	工 作 岗 位	工 作 任 务	工 作 人 员
2	切配	训练直刀推剞、直刀拉剞、斜刀剞、直刀跳剞	学生分组

❷ **工具原料** 见表 8-1-3。

表 8-1-3　工具原料清单表

序　号	类　别	名　　称
1	主要器具	菜墩、批刀、平盘(8～10 寸)、配菜盘
2	主料	白萝卜(芥菜、榨菜、葱叶、面团、鱿鱼、猪腰等)

❸ **工序安排** 见表 8-1-4。

表 8-1-4　工序安排表

序　号	工　　序	工 作 要 求
1	原料初步加工	洗涤干净
2	切配	直刀推剞、直刀拉剞、斜刀剞、直刀跳剞,原料下刀间距、深浅均匀

二、实施内容

(一)原料选择

白萝卜。

(二)原料初步加工

白萝卜清洗干净,去皮。

(三)实施过程

❶ **直刀推剞** 萝卜切(片)厚片(厚度 1.5～4 厘米),左手按稳原料,右手持刀从右后方向左前方推剞,着力点(收刀)在刀后端,重复剞制平行刀纹(间距 0.1 或 0.2 厘米)。

❷ **直刀拉剞** 左手按稳原料,右手持刀从左前方向右后方拉剞,着力点(收刀)在刀前端,重复剞制平行刀纹(间距 0.1 或 0.2 厘米)。此刀法难度较大,在艺术拼盘中使用较多,在掌握刀法的基础上,难度可加大,训练刀距在 0.1 厘米以下的片形。

❸ **斜刀剞** 左手按稳原料,右手持刀刀背朝里,刀刃朝外,刀身紧贴左手手指面,由内往外运刀剞制原料,重复剞制平行刀纹(间距 0.1 或 0.2 厘米)。运刀可以用推剞或拉剞的方法进行。

❹ **直刀跳剞** 行业中又称直刀排剞。就是直刀跳切,但不能将原料切断,最常见的就是猪腰剞制麦穗花刀(先反刀斜剞,然后直刀跳剞或直刀推剞)。

❺ **实施关键**

(1)最初训练任务前可以先用报纸(卷成条状)、硬面团饼进行运刀和间距训练。每种刀法都要反复进行训练。

(2)任务进行前或完成后,将下脚料切丝、切末然后进行剁末训练,以增强腕力及运刀灵活性。每次剁制时间以 10～15 分钟为宜,重复进行 2～3 次。每次剁完甩动、转动右手手腕加以放松,舒缓酸痛。

(3)每次任务完成后,均需进行剁泥练习,以肉泥进行训练最好,注意抬刀高度、下剁力度及运刀速度要一致,以增强腕力和运刀灵活性。

(四)技术要领

不同剞刀法运刀方法应正确,剞制时动作应连贯熟练,手腕应灵活,行刀时的间距、深浅度要保持均匀一致。

 任务小结

①任务知识点　直刀推剞、直刀拉剞、斜刀剞、直刀跳剞刀法理论知识的掌握和理解，上述方法在技能操作中熟练运用。

②任务要求　掌握剞刀法的常用方法，实现任务目标，达到熟练运用不同剞刀法的标准。

③任务完成总结　总结任务完成过程中好的方面及存在的不足、可努力的方向。

 同步测试

扫码看答案

一、理论测试

1. 剞刀法的作用有哪些？适用于哪些原料？（理解性记忆）
2. 直刀推剞、直刀拉剞的操作过程是什么？（理解性记忆）
3. 斜刀推剞、斜刀拉剞的操作过程是什么？（理解性记忆）

二、技能测试

①考核目标

考核主要目标是通过考核剞刀法的知识，引导学生发现存在的不足，解决不足，从日常的课程中强化技能，提高职业素养。

②考核内容

考核内容以剞刀法的教学重难点为主，以学生日常职业素养的养成为辅。通过两个方面的考核引导学生强化技能，培养正确的职业素养。

③考核标准

对剞刀法不同的切制方法过程进行自我评价、小组评价、教师点评，总结成绩，查找不足，分析原因，制订改进措施，如表 8-1-5 所示。

表 8-1-5　任务综合评价表

项　　目	评 价 内 容	配分	自 我 评 价			
			优秀	良好	合格	不合格
理论知识及职业素养考核（30分）	项目实施准备情况	5分				
	剞刀法及相关知识掌握度	5分				
	团队合作沟通意识	5分				
	工装穿戴及仪表仪容	5分				
	刀法理论知识拓展表现	5分				
	安全、责任意识	5分				

续表

项　　目	评 价 内 容	配分	自 我 评 价			
			优秀	良好	合格	不合格
专业能力考核(70分)	按时按要求完成情况	10 分				
	独立工作的能力	10 分				
	项目操作动手能力	20 分				
	训练项目综合合格率	10 分				
	展示自我作品的能力	5 分				
	操作过程语言表达能力	5 分				
	卫生清洁能力	5 分				
	工具、物品复位能力	5 分				
小组评价建议			综合得分: 等级:优、良、合格、不合格			
指导教师建议						

任务二　斜一字花刀

 任务描述

一、工作情境描述

厨房接到前厅顾客"葱油鱼"的点菜单,客人要求按照鲁菜标准制作,要求运用斜一字花刀剖制鱼体,剖刀不能太浅,影响入味和造型,不能剖破鱼肚、剖断鱼骨,请切配小组制作,3 分钟完成(16 分钟内上菜)。

二、工作流程、活动

❶ **工作任务**　见表 8-2-1。

表 8-2-1　工作任务表

工 作 任 务	工 作 标 准	工 作 方 式	时　　间
斜一字花刀剖制	按半指间距(或一指间距)剖制	小组合作	3 分钟/项

❷ **认识或分析剖制工艺**

引导问题 1:什么是直刀法? 什么是直刀推剖和直刀拉剖?

引导问题 2:直刀推剖和直刀拉剖的操作要领是什么?

扫码看解答

引导问题3:斜一字花刀质量评价标准是什么?

→ **任务目标**

学习理解斜一字花刀操作方法及要领;认识斜一字花刀在烹饪中的作用;掌握斜一字花刀的操作方法;能够在实际操作中体现出斜一字花刀的技术要领;培养双手的协调能力。

→ **任务实施**

一、任务方案

根据斜一字花刀操作要求,小组讨论确定人员分工、工具原料清单、工序安排。

❶ **人员分工** 见表8-2-2。

表8-2-2 人员分工表

序 号	工作岗位	工 作 任 务	工作人员
1	初步加工	正确选配原料,进行初步加工	分组进行
2	切配	净料切制成型,以备烹调	分组进行

❷ **工具原料清单** 见表8-2-3。

表8-2-3 工具原料清单表

序 号	类 别	名 称
1	主要器具	菜墩、批刀、平盘(8~10寸)
2	主料	鱼类原料

❸ **工序安排** 见表8-2-4。

表8-2-4 工序安排表

序 号	工 序	工 作 要 求
1	原料初步加工	初步加工方法应正确,洗涤应干净
2	切配	直刀推剞(拉剞),间距、深浅均匀

二、实施内容

根据工作计划,组织切制斜一字花刀,刀工达到质量标准和要求,工作现场保持整洁,小组成员配合有序,节约原材物料,操作符合安全规程。

(一)原料选择

青鱼、黄花鱼、草鱼、黄鳝、鲤鱼、虹鳟鱼、鳜鱼、胖头鱼等肉质较厚的鱼。

(二)原料初步加工

引导问题1:鱼类原料初步加工步骤是什么?

引导问题2:如何剞制斜一字花刀?

(三)实施过程

(1)切制一面时用直刀推剞方法加工而成的,推剞时,一般从鱼的腹部向脊背运刀。

(2)切制另一面时用刀尖拉剞,一般从脊背向腹部运刀。刀纹呈平行一字状。行业中常用的剞

Note

制间距有两种：①半指间距，即宽为 0.5～0.7 厘米，如图 8-2-1 所示。②一指间距，即宽为 1.2～1.5 厘米，如图 8-2-2 所示。斜一字花刀菜肴成品示例如图 8-2-3 所示。

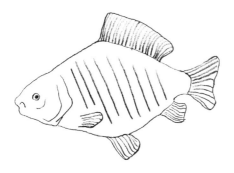

图 8-2-1　斜一字花刀（半指间距）

图 8-2-2　斜一字花刀（一指间距）

(a)

(b)

图 8-2-3　斜一字花刀菜肴成品示例

（四）质量标准

（1）整体美观。

（2）刀纹深度、间距要均匀一致。

三、任务评价

对斜一字花刀切制过程进行自我评价、小组评价、教师点评，总结成绩，查找不足，分析原因，制订改进措施。

任务小结

❶ **任务知识点**　理解直刀推剞、直刀拉剞、斜刀剞刀法理论知识。主要是斜一字花刀剞制方法及评价标准。

❷ **任务要求**　掌握斜一字花刀剞制方法，实现任务目标，达到熟练运用不同剞刀法的标准。

❸ **任务完成总结**　总结任务完成过程中好的方面及存在的不足、可改进的方面。

同步测试

1. 鱼类原料初步加工步骤是什么？

2. 斜一字花刀剞制方法及质量评价标准是什么？

3. 直刀拉剞的操作要领是什么？

扫码看答案

任务三 柳叶花刀

 任务描述

一、工作情境描述

按照标准制作点菜单"清蒸鲳鱼"一道。要求运用柳叶花刀剞制鱼体,剞刀不能太浅,影响入味和造型,不能剞破鱼肚、剞断鱼骨,请切配小组制作,3分钟完成(15分钟内上菜)。

二、工作流程、活动

❶ **工作任务表** 见表8-3-1。

表8-3-1 工作任务表

工 作 任 务	工 作 标 准	工 作 方 式	时 间
柳叶花刀剞制	中间一刀长,两侧各四刀短,间距1.5～2.5厘米	小组合作	3分钟/项

❷ **认识或分析剞制工艺**

引导问题:柳叶花刀适用于哪些原料?

扫码看解答

 任务目标

通过刀工训练,熟练掌握柳叶花刀操作方法及要领,能够运用不同质地的适用原料,进行柳叶花刀成型操作。

 任务实施

一、任务方案

根据柳叶花刀操作要求,小组讨论确定人员分工、工具原料清单、工序安排。

❶ **人员分工** 见表8-3-2。

表8-3-2 人员分工表

序 号	工 作 岗 位	工 作 任 务	工 作 人 员
1	初步加工	正确选配原料,进行初步加工	学生分组
2	切配	净料切制柳叶花刀,以备烹调	学生分组

❷ **工具原料清单** 见表8-3-3。

表8-3-3 工具原料清单表

序 号	类 别	名 称
1	主要器具	菜墩、批刀、鱼盘(小号)
2	主料	鱼类原料

❸ **工序安排**　见表 8-3-4。

表 8-3-4　工序安排表

序　号	工　序	工　作　要　求
1	原料初步加工	用口中取脏法进行去脏;鳞片等清除并清洗干净
2	切配	中间一刀长,两侧各四刀短,深度及间距一致

二、任务实施

根据工作计划,组织切制柳叶花刀,刀工达到质量标准和顾客要求,工作现场保持整洁,小组成员配合有序,节约原材物料,操作符合安全规程。

(一)原料选择

武昌鱼、胖头鱼、鲤鱼、草鱼、鲫鱼、鲳鱼等扁形鱼或梭形鱼类。

(二)原料初步加工

引导问题 1:扁形鱼类、长形鱼类与梭形鱼类的特点是什么?

引导问题 2:口中取脏法的操作步骤是什么?

扫码看解答

(三)实施过程

(1)柳叶花刀是以鱼体做叶面,用直刀推剞或直刀拉剞的方法,在鱼体的两面都剞上类似柳叶叶脉的刀纹。

(2)刀纹的深度一般为原料厚度的 2/3,如图 8-3-1 所示。

柳叶花刀菜肴成品示例如图 8-3-2 所示。

图 8-3-1　柳叶花刀

图 8-3-2　柳叶花刀菜肴成品示例

(四)质量标准

(1)形似柳叶,整体美观。

(2)刀纹间距要均匀一致,深度不可深至鱼骨,不能刺破鱼肚。

视频:
牡丹、月牙、
菱形、
柳叶花刀

三、任务评价

对柳叶花刀切制过程进行自我评价、小组评价、教师点评,总结成绩,查找不足,分析原因,制订改进措施。

➡ **任务小结**

❶ **任务知识点**　了解鱼的形体分类,初步加工(口中取脏)的基础理论知识。重点是对柳叶花刀剞制方法的理解。

Note

扫码看答案

❷ **任务要求**　掌握柳叶花刀剞制方法,通过任务目标加以实现,并达到熟练运用不同剞刀法的标准。

❸ **任务完成总结**　总结任务完成过程中好的方面及存在的不足、可改进的方面。

 同步测试

1. 鱼口中取脏的方法及过程是什么? 它们的烹饪应用如何?
2. 鱼形体分类特点是什么?
3. 柳叶花刀实施过程及适用原料是什么?

任务四　交叉十字花刀

扫码看解答

 任务描述

一、工作情境描述

按照标准制作"干烧鱼"。要求运用交叉十字花刀剞制鱼体,深浅均匀,不能剞破鱼肚、剞断鱼骨,请切配小组制作,3分钟完成(15分钟内上菜)。

二、工作流程、活动

❶ **工作任务表**　见表8-4-1。

表 8-4-1　工作任务表

工　作　任　务	工　作　标　准	工　作　方　式	时　　　间
交叉十字花刀剞制	斜向两侧各剞3～4刀平行刀纹,然后转向另一个方向剞3～4刀平行刀纹,使之交叉接近90°,间距2～3厘米	小组合作	3分钟/项

❷ **认识或分析剞制工艺**
引导问题1:交叉十字花刀适用原料及烹饪应用有哪些?
引导问题2:交叉十字花刀剞制要领是什么?

 任务目标

通过刀工训练,熟练掌握交叉十字花刀操作方法及要领,能够根据原料性质及菜肴成型要求进行交叉十字花刀成型操作。

任务实施

一、任务方案

根据交叉十字花刀操作要求,小组讨论确定人员分工、工具原料清单、工序安排。

❶ **人员分工**　见表8-4-2。

表 8-4-2　人员分工表

序　号	工作岗位	工作任务	工作人员
1	初步加工	正确完成长形鱼类原料初步加工	学生分组
2	切配	净料切制交叉十字花刀,以备烹调	学生分组

❷ **工具原料清单**　见表8-4-3。

表 8-4-3　工具原料清单表

序　号	类　别	名　称
1	主要器具	菜墩、批刀、鱼盘(小号)
2	主料	长形(梭形)鱼类原料

❸ **工序安排**　见表8-4-4。

表 8-4-4　工序安排表

序　号	工　序	工 作 要 求
1	原料初步加工	鱼类初加工程序正确;内脏、鳃、鳞片等清除并清洗干净
2	切配	两面剐交叉十字刀纹,深至鱼骨,间距2~3厘米,每面3~4刀

二、实施内容

根据工作计划,组织切制交叉十字花刀,刀工达到质量标准和要求,工作现场保持整洁,小组成员配合有序,节约原材物料,操作符合安全规程。

(一)原料选择

鳜鱼、鲤鱼、草鱼、青鱼、大黄鱼、鲳鱼等鱼类。

(二)原料初步加工

引导问题1:鱼类初步加工方法有哪些?请叙述其加工过程。

引导问题2:鱼类取脏的方法有几种?

引导问题3:干烧是怎样的烹调方法?其特点是什么?

(三)实施过程

(1)用直刀推剐法或斜刀推剐法在鱼体两侧表面剐上交叉十字刀纹或多个十字形。

(2)刀距以半指或一指宽为宜。具体十字形的大小、方向、刀距等,应根据鱼的种类和烹调要求灵活掌握,如图8-4-1所示。

扫码看解答

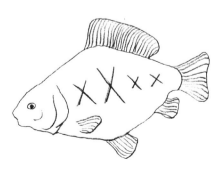

图 8-4-1　交叉十字花刀

（四）质量标准

（1）花刀成型美观。

（2）刀纹间距要均匀一致，深浅度均匀一致，不可深至鱼骨，不能刺破鱼肚。

三、任务评价

对交叉十字花刀切制过程进行自我评价、小组评价、教师点评，总结成绩，查找不足，分析原因，制订改进措施，任务评价表见本项目任务一。

→ **知识拓展**

视频：
卷筒、荔枝、
绣球花刀

1. 卷筒花刀剖制方法：鲜鱿鱼板顺肌纤维排列方向（图 8-4-2），略斜向直剖交叉十字刀纹，深约 4/5，刀距约 0.2 厘米，然后顺向切成约 6 厘米×2.5 厘米的长方形块（图 8-4-3），受热卷曲如筒形（图 8-4-4）。荔枝、绣球花刀实际是改刀块形不同，荔枝花刀（图 8-4-5）最后改成菱形块，绣球花刀改成等腰三角形块。

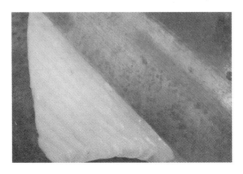

图 8-4-2　卷筒花刀剖制步骤一

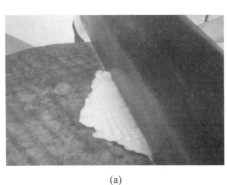
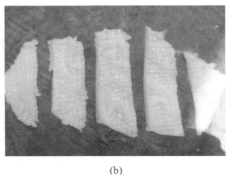

(a)　　　　　　　　　　　　(b)

图 8-4-3　卷筒花刀剖制步骤二

2. 特点及菜例：造型美观，成熟口感脆嫩。在山东风味菜的制作中使用较多，如油爆双花、荔枝里脊、绣球鲜鱿、油爆鱼芹等菜肴。适用于猪腰、鲜鱿鱼、墨鱼、鱼肉等烹饪原料。

→ **任务小结**

❶ **任务知识点**　了解鱼类原料初步加工的方法步骤及取脏方法等基础知识。重点是交叉十字花刀成型实施过程。

❷ **任务要求**　掌握交叉十字花刀剖制方法，并加以熟练。

❸ **任务完成总结**　总结任务完成过程中好的方面及存在的不足、可改进的方面。

图 8-4-4　卷筒花刀

图 8-4-5　荔枝花刀

 同步测试

1. 鱼类原料初步加工的方法步骤是怎样的?(理解记忆,会运用)
2. 干烧的烹调方法及特点是什么?
3. 交叉十字花刀实施过程是怎样的及适用原料有哪些?
4. 卷筒(蒲棒)花刀、荔枝花刀及绣球花刀的剞制方法是什么?(结合任务训练进行)

扫码看答案

任务五　翻花花刀(松鼠或鳞毛花刀)

 任务描述

一、工作情境描述

今日点菜单列"松鼠鳜鱼"一道,要求运用翻花花刀剞制鱼体,按标准操作。要求整体完整,去骨操作,深浅均匀,造型美观。请切配小组制作。

二、工作流程、活动

❶ **工作任务表**　见表 8-5-1。

表 8-5-1　工作任务表

工 作 任 务	工 作 标 准	工 作 方 式	时　间
翻花花刀剞制	鱼身剖开去掉脊椎骨(留尾骨,鱼尾完整)。两扇鱼肉上顺长直剞刀距 0.5 厘米平行刀纹,再横向斜剞刀距 0.5 厘米平行刀纹(深至鱼皮)	小组合作	5 分钟/项

❷ **认识或分析剞制工艺**

引导问题 1:翻花花刀的适用原料及烹饪应用是什么?
引导问题 2:翻花花刀剞制要领是什么?

扫码看解答

 任务目标

通过刀工训练,熟练掌握翻花花刀操作方法及要领,能够根据原料性质及菜肴成型要求进行花刀成型操作,达到菜肴刀工标准。

 任务实施

一、任务方案

根据翻花花刀作要求,小组讨论确定人员分工、工具原料清单、工序安排。

❶ **人员分工** 见表 8-5-2。

表 8-5-2 人员分工表

序 号	工作岗位	工 作 任 务	工作人员
1	初加工	正确完成鳜鱼(草鱼)初步加工	学生分组
2	切配	净料切制翻花花刀,以备烹调	学生分组

❷ **工具原料清单** 见表 8-5-3。

表 8-5-3 工具原料清单表

序 号	类 别	名 称
1	主要器具	菜墩、批刀、鱼盘(大号)
2	主料	鳜鱼(草鱼)原料

❸ **工序安排** 见表 8-5-4。

表 8-5-4 工序安排表

序 号	工 序	工 作 要 求
1	原料初步加工	内脏黑膜、鳃、鳞片等清除并清洗干净
2	切配	去掉脊椎骨,两扇鱼肉上顺长直剞刀距 0.5 厘米平行刀纹,再横向斜剞刀距 0.5 厘米平行刀纹(深至鱼皮)

二、任务实施

根据工作计划,组织切制翻花花刀,刀工达到质量标准和要求,工作现场保持整洁,小组成员配合有序,节约原材物料,操作符合安全规程。

(一)原料选择

鳜鱼、黄鱼、鲈鱼、塘鲤鱼、草鱼等鱼类。

(二)原料初步加工

引导问题 1:野生与养殖鳜鱼如何进行鉴别?

引导问题 2:什么是熘的烹调方法?熘分为几种?

引导问题 3:炸熘的烹调过程及特点是什么?

(三)实施过程

净鱼扇加工(出肉加工):将整鱼去鱼头后沿脊椎骨将鱼身剖开,在离鱼尾 3 厘米处停刀,去掉脊椎骨,批去鱼胸肋骨,翻转后同法处理,平刀法片成鱼扇(带鱼尾)。

❶ **方法一** 在一面鱼肉上反刀斜剞上刀纹,应是刀与鱼肉夹角约 30°、刀距 0.4~0.5 厘米、深度至鱼皮的一排平行刀纹。然后换一个角度,与斜剞刀纹呈十字交叉状,用直刀剞上同等深度及间距的平行刀纹。剞完一面或再同法剞制另一面。

扫码看解答

②　方法二　在一面鱼肉上顺长直剞平行刀纹,深度至鱼皮,间距 1~3 厘米,然后换一个角度(和直刀纹交叉)反刀斜剞平行刀纹,间距和深度与直剞相同,深至鱼皮。

实施过程如图 8-5-1 所示。翻花花刀成型示例及菜肴成品示例松鼠鳜鱼见图 8-5-2、图 8-5-3。

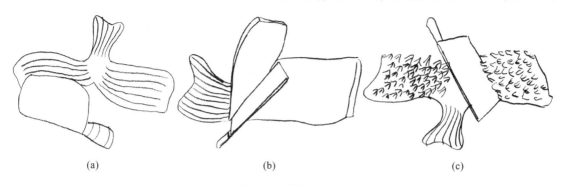

(a)　　　　　　　　　(b)　　　　　　　　　(c)

图 8-5-1　翻花花刀

图 8-5-2　翻花花刀成型示例

图 8-5-3　松鼠鳜鱼

(四)质量标准

(1) 花刀间距、深浅均匀一致。

(2) 鱼刺去除干净,鱼尾完整直立。

三、任务评价

对翻花花刀切制过程进行自我评价、小组评价、教师点评,总结成绩,查找不足,分析原因,制订改进措施。任务评价表见本项目任务一。

▶ **知识拓展**

①　竹节花刀剞制方法　将原料切成 5~6 厘米长、2.5~3.5 厘米宽的长方块,先横向直剞深约 4/5 的平行刀纹,再顺长在原料两侧约 1 厘米处各直剞两道深约 2/3、刀距 2 毫米的平行刀纹,受热后会卷曲似竹节形(图 8-5-4)。

②　特点及菜例　形似竹节,水㶇脆嫩美观。适用于鱿鱼、猪腰等原料,用于炒、爆等烹调方法,如"炒竹节腰花""油爆竹节鱿鱼"等。

视频:
竹节花刀

▶ **任务小结**

①　任务知识点　了解野生和养殖鱼类原料的品质鉴别;熘的烹调方法及分类等基础知识。重点是翻花花刀(松鼠或鳞毛花刀)成型实施过程。

②　任务要求　掌握翻花花刀(松鼠或鳞毛花刀)剞制方法,并加以熟练。

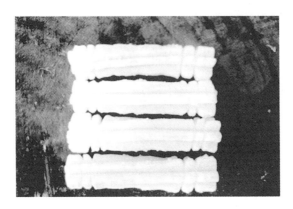

图 8-5-4　竹节花刀

❸ **任务完成总结**　总结任务完成过程中好的方面及存在的不足、可改进的方面。

扫码看答案

 同步测试

1. 回顾熘的烹调方法概念及分类。
2. 查阅回顾脆熘、软熘和滑熘的概念、操作方法及要领。
3. 翻花花刀(松鼠或鳞毛花刀)实施过程是怎样的?
4. 竹节花刀的实施过程是怎样的?（结合任务训练进行）

任务六　菊花花刀

 任务描述

一、工作情境描述

　　宴会有一道"菊花鱼"菜肴,要求运用菊花花刀剖制鱼体,食用无刺骨,按标准操作。要求去骨,花刀剖制深浅均匀,菊花造型美观,色彩艳丽。请切配小组制作。

二、工作流程、活动

❶ **工作任务表**　见表 8-6-1。

表 8-6-1　工作任务表

工 作 任 务	工 作 标 准	工 作 方 式	时 间
菊花花刀剖制	鱼肉采用斜刀法(正刀批)横向片抹刀片(每 3～4 刀),片断(一端相连),每片厚度 0.2～0.4 厘米,在片开端再顺长直切长 6～8 厘米、宽 0.2～0.4 厘米的平行丝,不断不粘连	小组合作	6 分钟(6～8 块菊花鱼块)

扫码看解答

❷ **认识或分析剖制工艺**

引导问题 1:菊花花刀适用原料及烹饪应用有哪些?

引导问题 2:菊花花刀剖制要领有哪些?

通过刀工训练,熟练掌握菊花花刀的操作方法及要领,能够根据原料性质及菜肴成型要求熟练进行菊花花刀的成型操作,达到菜品要求的刀工标准。

一、任务方案

根据菊花花刀操作要求,小组讨论确定人员分工、工具原料清单、工序安排。

❶ **人员分工**　见表8-6-2。

表8-6-2　人员分工表

序　号	工作岗位	工作任务	工作人员
1	初步加工	正确完成鱼的初步加工及加工整理,取得净鱼扇	学生分组
2	切配	净料切制菊花花刀,呈块状,以备烹调	学生分组

❷ **工具原料清单**　见表8-6-3。

表8-6-3　工具原料清单表

序　号	类　别	名　称
1	主要器具	菜墩、批刀、圆平盘或小鱼盘(4寸)
2	主料	梭形鱼类原料

❸ **工序安排**　见表8-6-4。

表8-6-4　工序安排表

序　号	工　序	工作要求
1	原料初步加工	鱼肉内脏黑膜、鳃、鳞片等清除并清洗干净
2	切配	鱼身剖开去掉脊椎骨(鱼皮完整)。鱼肉切长方块,平刀剐3~4刀,深度3/4(一端相连),顺长直切成刀距0.5厘米的平行丝条

二、实施方法

根据工作计划,组织切制菊花花刀,刀工达到质量标准和要求,工作现场保持整洁,小组成员配合有序,节约原材物料,操作符合安全规程。

(一)原料选择

适用于草鱼、鱿鱼、墨鱼、猪肉、鸡脯等原料。

(二)原料加工整理

❶ **初步加工**　草鱼宰杀后先刮去鳞片,然后用腹开法取出内脏,将鱼腹内清洗干净,去掉腹内黑膜。将鱼鳃清除干净,清洗备用。

❷ **加工整理**

(1)将鱼头切下,在刀口处平刀顺脊椎骨片至鱼尾,取下一片鱼扇。再在另一面紧贴鱼骨,片下鱼肉,然后分别将两个鱼扇腹刺片去。

(2)在鱼扇中间下刀切至鱼皮,沿鱼皮将鱼肉片下,备用。

（三）实施过程

鱼身剖开平刀片掉脊椎骨（紧贴鱼骨操作）（图 8-6-1），取下两片净鱼肉（带皮）（图 8-6-2）。

图 8-6-1　鱼肉去刺

图 8-6-2　净鱼肉

❶ **方法一**　鱼肉切 6～8 厘米长方块，平刀片（一端相连）3～4 片，厚度 0.2～0.4 厘米，深度至鱼皮，然后在片开处顺长直切成刀距为 0.2～0.4 厘米的平行丝。

❷ **方法二**　鱼肉用斜刀法横向片抹刀片，每 3～4 刀片断（一端相连），在片开端再顺长直切成刀距 0.2～0.4 厘米的平行丝。受热卷曲呈菊花形，卷曲呈放射状，宜熘炸。如图 8-6-3 所示。

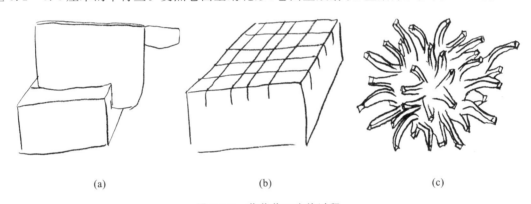

(a)　　　　　　　　(b)　　　　　　　　(c)

图 8-6-3　菊花花刀实施过程

方法二实物成型步骤见图 8-6-4。

(a)抹刀片

(b)片断

(c)顺长直切

图 8-6-4　菊花花刀实物成型步骤

菊花花刀成型也可用于豆腐、白萝卜等原料，但刀法是采用直刀剞等刀法的综合运用。用特制的菊花模具刀亦可以塑造菊花造型。菊花豆腐如图 8-6-5 所示。

三、任务评价

对菊花花刀切制过程进行自我评价、小组评价、教师点评，总结成绩，查找不足，分析原因，制订改进措施。任务评价表同本项目任务一。

图 8-6-5　菊花豆腐

 任务小结

❶ **任务知识点**　了解菊花花刀的适用原料及代表菜例;掌握鱼出肉加工方法、步骤等基础知识。重点是菊花花刀成型实施过程。

❷ **任务要求**　掌握菊花花刀两种成型的剞制方法,并加以练习。

❸ **任务完成总结**　总结任务完成过程中好的方面及存在的不足、可改进的方面。

 同步测试

1. 菊花花刀实施过程是什么?
2. 菊花花刀的烹饪应用及适用原料是什么?

扫码看答案

任务七　麦穗花刀

 任务描述

一、工作情境描述

　　宴会菜单设计一道"爆炒腰花"菜肴,要求运用麦穗花刀剞制腰花,按标准操作。要求腰臊去除干净,花刀剞制深浅均匀,造型美观,色彩艳丽。请切配小组分工制作。

二、工作流程、活动

❶ **工作任务表**　见表 8-7-1。

表 8-7-1　工作任务表

工 作 任 务	工 作 标 准	工 作 方 式	时　　间
麦穗花刀剞制	猪腰 1/2 处平刀片开,片去腰肾管白筋等,在切割面反刀斜剞(夹角约 45°),深度 3/4,刀距约 2 毫米的平行刀纹,再换一个角度,顺长直刀剞同等深度、刀距的平行刀纹,切成 5 厘米×2.5 厘米条块	小组合作	8 分钟(6～8 块猪腰坯块)

❷ **认识或分析剖制工艺**

引导问题 1：猪腰的质量鉴别要点及烹饪应用有哪些？

引导问题 2：麦穗花刀的适用原料及操作要领有哪些？

任务目标

通过刀工训练，熟练掌握麦穗花刀操作方法及要领，能够根据原料性质及菜肴成型要求进行麦穗花刀的成型操作，达到菜品要求的刀工标准。

任务实施

一、任务方案

根据麦穗花刀操作要求，小组讨论确定人员分工、工具原料清单、工序安排。

❶ **人员分工** 见表 8-7-2。

表 8-7-2 人员分工表

序号	工作岗位	工作任务	工作人员
1	初加工	撕去猪腰表面薄膜，平刀 1/2 处片开，片去腰臊	学生分组
2	切配	切割面剖制麦穗花刀，改块状，以备烹调	学生分组

❷ **工具原料清单** 见表 8-7-3。

表 8-7-3 工具原料清单表

序号	类别	名称
1	主要器具	菜墩、批刀、不锈钢养料盒或不锈钢码斗、平盘或异形盘（6～8 寸）
2	主料	猪腰

❸ **工序安排** 见表 8-7-4。

表 8-7-4 工序安排表

序号	工序	工作要求
1	原料初步加工	腰臊清除干净，切割面平整
2	切配	①猪腰平刀 1/2 处片开。②反刀斜剖夹角约 45°，深度 3/4，刀距约 2 毫米的平行刀纹。③换角度，顺长直刀剖同等深度、刀距的平行刀纹，改刀成 5 厘米×2.5 厘米条块

二、实施方法

根据工作计划，组织切制麦穗花刀，刀工达到质量标准和要求，工作现场保持整洁，小组成员配合有序，节约原材物料，操作符合安全规程。

（一）原料选择

新鲜猪腰。

（二）原料加工及烹调

引导问题 1：爆的概念及分类是什么？

引导问题 2：爆法的工艺流程及特点是什么？

引导问题 3：爆炒腰花的烹调过程及特点是什么？

（三）实施过程

（1）猪腰撕去表面包膜，平刀在 1/2 处片开，片去肾管、白筋等（图 8-7-1）。

图 8-7-1　去肾管、白筋

（2）在切割面首先反刀斜剞（夹角约 45°），深度 3/4，刀距约 2 毫米的平行刀纹，再换一个角度，顺长直刀剞（推刀剞或跳刀剞）同等深度、刀距的平行刀纹，切成 5 厘米×2.5 厘米条块，如图 8-7-2 所示。

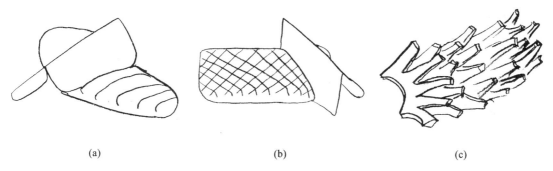

　　　　（a）　　　　　　　　　　　　　（b）　　　　　　　　　　　　　（c）

图 8-7-2　麦穗花刀

反刀斜剞如图 8-7-3 所示。

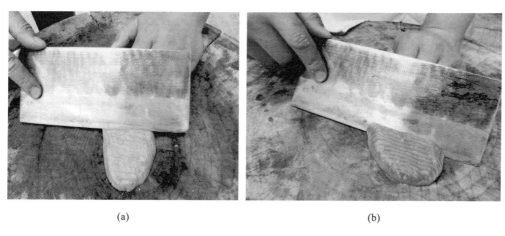

　　　　　　　（a）　　　　　　　　　　　　　　　　　　　（b）

图 8-7-3　反刀斜剞

（四）质量标准

（1）间距、深浅度及块形长短均匀一致。

（2）受热卷曲后呈麦穗花形。

三、任务评价

对麦穗花刀切制过程进行自我评价、小组评价、教师点评,总结成绩,查找不足,分析原因,制订改进措施。任务评价表见本项目任务一。

视频:
蜈蚣花刀

→ **知识拓展**

① 蜈蚣花刀剖制方法

（1）猪腰原料平刀一片二,片去腰臊及肾管,横向反刀斜剖平行刀纹,刀距 0.2 厘米,深度 3/4,然后顺长从边缘开始直剖一刀,深度 4/5,第二刀切断,刀距 0.3~0.4 厘米,成夹刀丝（图 8-7-4）,氽水即成蜈蚣形。

(a)　　　　　　　　　　　　(b)

图 8-7-4　蜈蚣花刀

（2）猪黄管（喉）原料切 8~10 厘米段,在黄管上直刀横剖两刀,刀距 0.3~0.5 厘米,然后对角斜向直剖,两刀夹角约 30°,然后再重复前面步骤,直至切到最后,也可成蜈蚣形。

② 特点及菜例　形似蜈蚣,氽熟口感脆嫩。第一种方法适合鲁菜风味菜肴制作,如清汤芙蓉黄管等。第二种方法适合川菜风味菜肴制作,如宫保黄喉等。

→ **任务小结**

① 任务知识点　了解猪腰的特点及烹饪应用;掌握爆的烹调方法、分类、代表菜例制作等基础知识。重点是麦穗花刀成型实施过程。

② 任务要求　掌握麦穗花刀成型的剖制方法,并加以熟练。

③ 任务完成总结　总结任务完成过程中好的方面及存在的不足、可改进的方面。

→ **同步测试**

扫码看答案

1.猪腰的特点及品质鉴别方法是什么?

2.爆主要的烹调方法有哪些? 如何进行操作?

3.爆炒的概念及操作过程是什么?

4.尝试制作"爆炒腰花"菜肴,结合任务训练麦穗花刀。

5.麦穗花刀成型的剖制方法是什么?（结合任务进行训练,达到标准）

任务八　蓑衣花刀

 任务描述

一、工作情境描述

点菜单上有一道冷菜菜肴"蓑衣黄瓜"，要求运用蓑衣花刀剞制黄瓜，按标准操作。要求拉开呈镂空状，花刀剞制刀距、深浅均匀，造型美观。请切配小组分工制作。

二、工作流程、活动

❶ **工作任务表**　见表8-8-1。

表8-8-1　工作任务表

工 作 任 务	工 作 标 准	工 作 方 式	时 间
蓑衣花刀剞制	①方法正确（黄瓜直刀斜剞平行刀纹，深度4/5，刀距0.2厘米平行刀纹，其反面横向直剞深度3/4，刀距0.2厘米）；②速度、质量符合要求（不碎不断；刀距均匀可拉开）	小组进行	4～5分钟（3～4根原料）
菜品成型	码味均匀，冲洗干净，定碗成型、美观，反扣装盘干净利落	小组进行	5～7分钟

❷ **认识或分析剞制工艺**

引导问题1：焐的概念、种类及要领是什么？
引导问题2：黄瓜品种特点及烹饪应用是什么？

扫码看解答

 任务目标

通过刀工训练，熟练掌握蓑衣花刀操作方法及要领，能够根据原料性质及菜肴成型要求进行蓑衣花刀的成型操作，达到菜品要求的刀工标准。

 任务实施

一、任务方案

根据蓑衣花刀操作要求，小组讨论确定人员分工、工具原料清单、工序安排。

❶ **人员分工**　见表8-8-2。

表8-8-2　人员分工表

序 号	工 作 岗 位	工 作 任 务	工 作 人 员
1	初加工	洗涤	学生分组
2	切配	切割面剞制蓑衣花刀	学生分组

❷ **工具原料清单**　见表 8-8-3。

表 8-8-3　工具原料清单表

序 号	类 别	名 称
1	主要器具	菜墩、批刀、不锈钢平盘、圆盘(4 寸)扣碗
2	主料	本地黄瓜(水果黄瓜)

❸ **工序安排**　见表 8-8-4。

表 8-8-4　工序安排表

序 号	工 序	工 作 要 求
1	原料初步加工	黄瓜加盐浸泡 5～10 分钟,表面清洗干净
2	切配	①黄瓜直刀斜剞平行刀纹,深度 3/4,刀距 0.2 厘米。②其反面横向直剞深度 3/4(刀和黄瓜夹角 45°),刀距 0.2 厘米

二、实施方法

根据工作计划,组织切制蓑衣花刀,刀工达到质量标准和要求,工作现场保持整洁,小组成员配合有序,节约原材物料,操作符合安全规程。

（一）原料选择

本地黄瓜(水果黄瓜)。

（二）原料加工及烹调

引导问题 1:蓑衣花刀适用的原料及特点是什么?

引导问题 2:"蓑衣黄瓜"的原料构成、制作过程是什么?

扫码看解答

（三）实施过程

（1）原料(萝卜、土豆改刀成长 10～12 厘米,宽 2～4 厘米,厚 1.5～2 厘米的条)一面直刀斜剞平行刀纹,深度 4/5,刀距 0.2 厘米。

（2）反面横向直剞深度 3/4,刀距 0.2 厘米。与正面呈透空网络状,也可切成 3.5 厘米×3.5 厘米方块,呈蓑衣形,如图 8-8-1 所示。菜例鱼香茄子如图 8-8-2 所示。

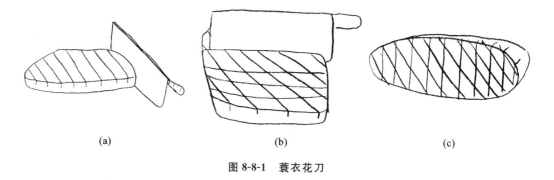

(a)　　　　　　　　(b)　　　　　　　　(c)

图 8-8-1　蓑衣花刀

（四）质量标准

黄瓜伸拉呈镂空状,间距、深浅均匀一致,伸缩适度,形整而不断。

三、任务评价

对蓑衣花刀切制过程进行自我评价、小组评价、教师点评,总结成绩,查找不足,分析原因,制订

图 8-8-2　鱼香茄子

改进措施。任务评价表见本项目任务一。

视频:
麻花花刀

知识拓展

❶ **麻花花刀剞制方法**

（1）将原料片成长 8～12 厘米,厚 0.2～0.4 厘米,宽 2～4 厘米的长方片。

（2）在中间顺长划开 7～9 厘米的口,再在中间缝口两边各划一道 5～7 厘米的口。

（3）抓住两端将原料一端从中间穿过,即成麻花形。适用于鱿鱼、猪里脊肉、猪腰等烹饪原料。成型图见图 8-8-3。

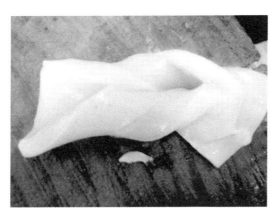

图 8-8-3　麻花鲜鱿鱼

❷ **特点及菜例**　形如麻花,造型美观。烹调菜例有炸麻花腰子、油爆麻花鲜鱿、香酥麻花里脊等。

任务小结

❶ **任务知识点**　了解黄瓜的品种、特点及分类;炝的分类、过程及操作要领;代表菜例制作等基础知识。重点是蓑衣花刀成型的实施过程。

❷ **任务要求**　掌握蓑衣花刀成型的剞制方法,并加以熟练。

❸ **任务完成总结**　总结任务完成过程好的方面及存在的不足、可改进的方面。

同步测试

1. 尝试探索炝的烹调方法及分类,学会制作 1～2 种菜例。

2. 查阅资料了解不同的炝制方法及操作要领。

3. 蓑衣花刀实施过程是什么?(结合任务训练进行)

4. 麻花花刀剞制方法是什么?适用原料有哪些?(结合任务训练进行)

【任务拓展——特色花刀】

渔网花刀、金毛狮子鱼花刀手绘示意图如图 8-8-4、图 8-8-5 所示。

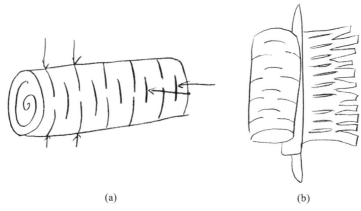

(a)   (b)

图 8-8-4   渔网花刀

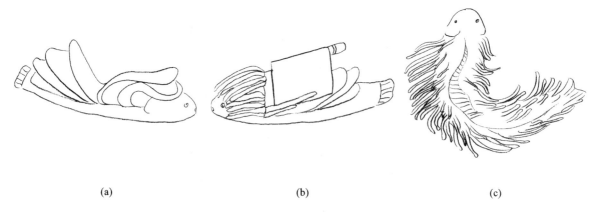

(a)   (b)   (c)

图 8-8-5   金毛狮子鱼花刀

❶ **渔网花刀剞制过程**

(1)胡萝卜洗净,切成长方体。上一刀、下一刀、左一刀、右一刀,刀刀对应而不相连,深度 1/2,刀口间距 0.1 厘米。

(2)从上下两个方向切,但是不要切断,大概切到差 1 厘米到胡萝卜中心,然后把胡萝卜转 90°,按照同样的方法切,和蓑衣黄瓜差不多,但是是交叉的。

(3)均匀地把胡萝卜一边转圈一边片下薄薄的一层。

(4)切好后撒盐卷起,静置几分钟,展开即可,如图 8-8-6 所示。

❷ **金毛狮子鱼花刀剞制过程**

(1)将鲤鱼洗净。从下嘴唇劈开,掰开鳃盖,处理干净。

(2)将鱼身两面上下交叉批成薄刀片,每片端均与鱼身相连,再用剪刀剪成细丝,如图 8-8-7 所示。

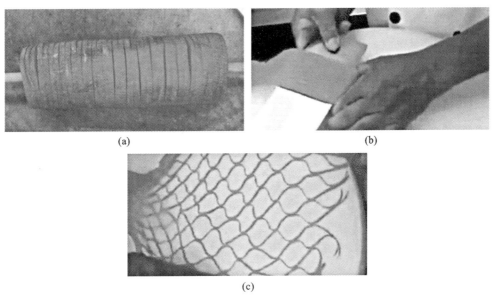

(a)　　　　　　　　　　　(b)

(c)

图 8-8-6　渔网花刀步骤

图 8-8-7　金毛狮子鱼花刀成品

（3）金毛狮子鱼制作方法。

①葱、姜、蒜切成粒状,玉兰片、火腿片切成 7 厘米长的丝。

②炒锅烧热,下花生油,烧至四成热,将调好的鸡蛋糊均匀地抹在鱼身上,下油锅,边炸边抖动,使细丝散开,呈金黄色时捞出,鱼腹朝下放在盘中。

③锅内留油少许,将葱末、姜末、蒜末、玉兰丝和火腿丝,加料酒、醋、白糖、酱油,烧浓,下湿淀粉勾芡至浓稠,淋上热油少许,出锅,浇在鱼身上即成。

特点:色泽金黄,鱼丝蓬松形似狮子,酸甜适口,如图 8-8-8 所示。

图 8-8-8　金毛狮子鱼花刀菜例

❸ 同步测试

（1）探索性学习渔网花刀、金毛狮子鱼花刀剞制方法及操作要领。

（2）渔网花刀、金毛狮子鱼花刀在烹饪中如何进行运用？尝试掌握代表菜例的制作方法。

（3）渔网花刀、金毛狮子鱼花刀剞制方法是什么？（结合任务进行训练）

主要参考文献

［1］ 王克金.烹饪原料加工技术［M］.北京:北京师范大学出版社,2010.

［2］ 王树温.烹饪原料加工技术［M］.4 版.北京:中国商业出版社,2000.

［3］ 吕瑞敏,岳永政.中餐烹饪实训［M］.北京:机械工业出版社,2018.

［4］ 王月华,李长茂.饮食百科知识［M］.北京:中国科学技术出版社,2004.

［5］ 贾晋.烹饪原料加工技术［M］.北京:中国劳动社会保障出版社,2007.

［6］ 张文虎.烹饪工艺学［M］.北京:对外经济贸易大学出版社,2007.

［7］ 季鸿崑.烹调工艺学［M］.北京:高等教育出版社,2003.

［8］ 周晓燕.烹调工艺学［M］.北京:中国纺织出版社,2008.

［9］ 刘致良.烹调工艺实训［M］.北京:机械工业出版社,2008.

［10］ 郑昌江,卢亚萍.中式烹饪工艺与实训［M］.北京:中国劳动社会保障出版社,2005.

［11］ 李刚,王月智.中式烹调技艺［M］.2 版.北京:高等教育出版社,2009.

［12］ 朱海涛,吴敬涛,范涛,等.最新调味品及其应用［M］.3 版.济南:山东科学技术出版社,2011.